纺织服装高等教育"十四五"部委级规划教材

鲁泰纺织股份有限公司

服装设计与工程——国家一流本科专业建设点教材

李学伟 杨宁 宋海玲 编著

服装画手绘技法教程

东华大学出版社·上海

内容提要

本书是纺织服装高等教育"十四五"部委级规划教材，鲁泰纺织股份有限公司、服装设计与工程——国家一流本科专业建设点教材。《服装画手绘技法教程》共分10章，包括服装画概论、服装画人体局部表现、服装画人体动态表现、服装画着色方法、服装画面料质感表现等章节内容。

全书对服装画的各种手绘技法作了较为规范、系统和科学的阐述，内容丰富、注重实践、图文并茂，并配以大量的示范作品和详尽的绘制步骤，能够使读者在较短的时间内掌握服装画手绘表现要领，尤其是对于服装画初学者入门学习具有很好的指导作用。

本书由浅入深，通俗易懂，可作为各类院校服装专业教学用书，也可作为广大服装从业人员的学习参考。

图书在版编目（CIP）数据

服装画手绘技法教程 / 李学伟等编著 . — 上海：东华大学出版社，2022.9

ISBN 978-7-5669-2120-8

Ⅰ . ①服… Ⅱ . ①李… Ⅲ . ①服装－绘画技法 Ⅳ . ① TS941.28

中国版本图书馆 CIP 数据核字（2022）第 177250 号

服装画手绘技法教程
FUZHUANGHUA SHOUHUI JIFA JIAOCHENG

编　　著：李学伟　杨　宁　宋海玲

出　　版：东华大学出版社（上海市延安西路 1882 号，邮政编码：200051）

本 社 网 址：dhupress.dhu.edu.cn

天猫旗舰店：http://dhdx.tmall.com

营销中心：021-62193056　62373056　62379558

印　　刷：上海盛通时代印刷有限公司

开　　本：889mm×1194mm　1/16

印　　张：11

字　　数：420 千字

版　　次：2023 年 3 月第 1 版

印　　次：2023 年 3 月第 1 次印刷

书　　号：ISBN 978-7-5669-2120-8

定　　价：65.00 元

前　言

服装画在服装设计中占据着重要的地位，与服装设计、生产结合在一起，反映出设计者的设计理念以及个性化的艺术态度。

服装画产生至今已有四五百年的历史，在其漫长的历史发展中，我们不难看出它在各个时代文化背景与各种艺术思潮的影响与冲击下不断演变、发展出的无比丰富和绚丽的风格。它不仅将各种艺术审美、不同时代精神等理念、内因转化成为一种其自身艺术特征的形式表现，而且也由于其多姿与繁荣的艺术气质从不同的侧面彰显了社会发展的面貌。

随着时代的发展，服装画越来越寻求情感艺术的表达，其表达功能也在不断发展，形式上也在逐步完善，并被赋予了新的内涵，更具有多元化的气质。在艺术发展的历史中，任何民族都不可能彻底抛弃本民族的优秀传统艺术而完全地接受外来艺术元素，传统文化艺术是学习一切艺术的根。我国传统艺术在漫长的美学追求中形成的独特审美观念、民族特征，成为今天服装画表现中重要的艺术灵感源泉。特别是对于一名服装从业人员来说，能够深耕本民族艺术血脉、画一手漂亮的服装画是其最本质的专业素质所在。

本书是纺织服装高等教育"十四五"部委级规划教材，鲁泰纺织股份有限公司、服装设计与工程——国家一流本科专业建设点教材。它是笔者近二十多年来从事服装画教学的成果汇集，是简便易学服装画方法的总结。当前越来越多的设计师或设计人员、学生喜欢更加有个性的表现方法，希望作者的这一些手绘经验会给大家带一些启示，受到学习者的欢迎！

本书在编著过程中得到了郑博宁、丁子雅、高舍、杨礼奥、李吟诗、马子豪、王虹艳、李智茹、孙琦、宋新锐、李静文等同学的帮助，特此表示衷心感谢。由于作者水平有限，不足之处望各位专家批评指正。

编者

目录

第一章 服装画概述

　　服装画产生至今已有四五百年的历史，其无论在服装领域还是在绘画艺术领域都有着非常重要的地位，在其漫长的历史发展过程中，服装画不仅将各种艺术审美、不同时代精神等理念、内因转化成为了一种自身艺术特征的表现形式，而且也由于其自身气质造就的艺术特征从不同侧面反映了社会发展的脉络，尤其对于服装领域的演进来说，其重要作用无可替代。

一、服装画的概念

服装画也称时装画，服装效果图，它以表现服装款式结构，体现服装穿着效果为主题且注重展现艺术感染力，并反映流行趋势、服饰文化和生活方式的一种专业绘画形式。

服装画主要应用于服装业的设计环节与服装信息的传播发布中，它不仅研究人体运动规律、服装造型、服装色彩、服装材料等方面的形式特点，而且从更加深层的角度专注对于设计情感的诠释，并通过画面表现形式给人们以美的感受。

服装画与其他绘画艺术有着千丝万缕的联系，但是它与一般纯粹美术创作在表现目的上有着根本的不同之处。美术创作强调的是画家创作理念的表达（图1），而服装画是通过绘画着重表现服装设计、服装与人的关系、流行信息等基本服饰属性，服装画是服装设计、生产、销售等一系列过程中传递服装时尚信息的媒介。随着时代的发展，服装画越来越寻求情感艺术的表达，其在表达形式上逐步完善与发展，被赋予了新的特质。今天，服装画不仅仅只是对服装的绘画表达，它已远远超过服装设计本身，逐渐发展成为现代绘画艺术的分支，成为一种独立的画种。服装画其既有艺术价值，又更具实用价值（图2），服装画具备以下特征：

① 创意表达：服装画的本质需体现出独具特色的创意表达想象空间。它应做好创意思维的"发散集中"，以直观独特的视觉造型艺术形式，串联与诠释服装的风格与文化精髓，赋予作品灵性，进而表达某种思想的交流。

② 人体比例：注重动态规律，常以站姿正面、半侧面的角度为佳，人体比例既写实又具夸张性。

图1　两个外交家　汉斯·荷尔拜因

图2　张晶晶作品

③ 人物造型：结合人体与服装造型设计，强化它们之间的有效联系，在视觉上形成理想化的完美形象。同时，在对于实用性服装表达时应充分体现出服装的款式和结构特征，避免造成工艺认识偏差。

④ 色彩视觉：以表现服装色彩本身固有色为主，可忽略环境色的配置表现。

⑤ 画面节奏：遵循视觉创作的形式规律，运用造型要素、色彩配置、技法形式等方面特有语言来表现空间的不同层次，营造一种视觉空间，从平面到立体、从静态到动态，给人以无限的艺术感染力。

二、服装画的分类

服装画种类多样，按用途大致可以归纳为下述四个方面，但按用途主要分为服装效果图与服装艺术插画两种。

1. 服装设计草图

服装设计草图是设计者记录设计构思、捕捉设计灵感的绘画形式。它通常采用快速、简洁的黑白或色彩单线勾勒，结合文字说明，省略繁复细节刻画，不求画面视觉的规整性，侧重表现受到某种事物启发而迸发的灵感，以记录款式为主要特征，而忽略艺术性。

2. 服装效果图

服装效果图是表现服装款式造型设计意图的一种绘画形式。服装效果图包括对服装款式、服装色彩、服装面料质感、服装工艺、流行趋势等方面信息的准确表达为核心，通常旁边附有面料小样和具体的细节说明。服装效果图不仅能表现服装设计的实际应用效果，而且也有很强的艺术性和审美张力，它以形象生动的造型语言传达出设计者的创作意图。服装效果图主要应用于服装设计当中，

图3　宋恒作品

在服装公司产品开发与服装设计大赛中发挥着重要的作用（图3）。

3. 服装插画

服装插画是以服装造型为基础，采用艺术处理手法体现画面艺术性和鲜明个性效果的一种绘画艺术形式。服装插画并不具体表现服装款式、色彩、面料的细节，而更注重强调艺术形式对主题的渲染作用，着重艺术感染力的表现。服装插画实质上是一张纯粹的绘画作品，也如同一幅完美的艺术摄影照片，具有较高的艺术欣赏性。服装插画常常用于服装品牌、时装报纸、时装杂志、广告海报、橱窗、预告流行或时装活动中。

4. 服装平面款式图

服装平面款式图是服装效果图的补充说明。它是以黑白线条的形式，按照服装造型的比例，通过立体与平面化线条来表现服装款式特征的一种绘画形式。服装平面款式图一般用线大胆、明快、强烈，多采用夸张或装饰手法（图4）。

图4　窦雅雯作品

三、学习服装画的方法

服装画体现了服装与人体之间的内在统一关系，融入了个性艺术因素和情感，气质洒脱、富有时尚感。无论是欣赏性的服装插画，还是实用性的服装效果图，都必须深入研究其造型与学习其绘制方法，掌握达到最佳效果的多种表达方式，逐步实现服装画的创新表达。

1. 服装创意构思的梳理

服装画是服装设计者捕捉创作灵感、呈现服装形式美感的有效手段。服装创意构思是服装画表现的关键性因素，它决定或影响着服装设计的效果。因此，我们必须对服装创意构思有着足够的认识，注重培养自己对服装画创意的敏感性，并注意吸收借鉴服装设计、绘画艺术、建筑艺术、音乐艺术等不同领域的知识，丰富和强化服装画创意构思并进而通过多元化的服装画创意构思载体演绎服装画的审美特征的传达方式。画服装画从本质上说是一种造物的过程，有了好的构思将会是成功的开始。

2. 人体知识与人体动态的运用

服装画的艺术表现中人体动态的运用十分突出。服装画人体动态造型的准确性直接影响着服装画的艺术效果。因此，学好服装画的基本条件是要对人体的基本知识有所掌握，通过临摹书籍中的人体解剖、写生人体石膏、真人裸体素描、速写等方式，仔细了解与研究人体结构和运动规律，并以此为基础掌握服装画人体动态要求，按照服装画的表现需求，以适合的人体姿态，来表达服装的造型款式。通常对于人体动态的学习，可以先从几个基本简单的姿态练起，经过反复训练，提高自己对人体的了解以及对线条的把握，逐步可过渡到夸张等难度较大的人体表现的范围。

3. 着装与色彩表现

服装画往往是通过立体方式表现服装着装过程。如何将平面的服装穿着人体上，使它具有立体感，同时将服装与人体之间的不同空间感表现出来，这对于着装的方式和上色技巧掌握尤为关键。因此，要反复练习着装表现，掌握服装基本结构特点、衣纹的规律、线条表现、色彩表达等以达到服装与人体结合的有机统一。

4. 临摹和默写

服装画临摹与默写贯穿于服装画表现的始终，它是服装画艺术表现提升的一种有效手段。尤其对于初学者而言，服装画临摹与默写显得更为重要，是学习服装画的主要方法。在临摹过程中，临本可采用服装照片、服装画作品等最具绘画功力和创意的服装资料，由浅入深，循序渐进，通过一段时间的临摹认识和掌握服装画的线条、色彩等基本规律，强化对于服装画的感性认识培养，并由此逐渐扩大到默写，即将刚临摹的服装画再默写出来，最终过渡到按照自己的设计意图实现服装画的表达。

四、画服装画所需的工具

服装画艺术表现效果依赖于工具材料的实现，合适的工具材料是成功作品的开端。画服装画使用的工具很多，一般来说，对于服装画工具材料的选择，应符合服装画艺术表现需求，并可利用它们的不同特性，大胆尝试创新，力求通过所选的工具形成理想的画面效果。对于以特殊技法制作的服装画，可以运用一些特殊的工具，如电脑工具、喷笔工具等。随着科技的迅速发展，服装画的新工具、新材料层出不穷。目前，服装画常用绘画工具为手绘画具和电脑绘画软件两大类。

1. 手绘画具

（1）纸张

① 素描纸：素描纸有米色与纯白色两种颜色，适合画铅笔素描，其薄厚适中，但不耐擦磨。

② 水粉纸：水粉纸纸纹较粗，吸水性较好、颜料附着能力强，是绘画时最为常用的材质之一，适合水粉、彩色铅笔的表现。

③ 水彩纸：水彩纸表面有凹凸不平的粗糙纹理、纸质坚实、吸水性强，它是水彩薄画法的首选用纸，铅笔、油画棒、色粉笔在这种纸上也能得到很好的表现效果。

④ 卡纸：卡纸有白卡纸、黑卡纸和有色卡纸。卡纸有一定的厚度，比较硬挺，吸水性较差，高度光滑，不易上色，易出笔痕，特别适合用于水粉明暗与平涂的表现。

⑤ 宣纸：宣纸分生宣、熟宣、皮宣。宣纸质地较薄，吸水性能强，它是表现写意、晕染效果最适合的用纸。

⑥ 拷贝纸：拷贝纸分为两种。一种为拷贝纸，纸张较薄，为透明色。另一种为硫酸纸，纸张较厚，为半透明色。拷贝纸主要作用为拷贝画稿，使正稿画面干净、整洁。

（2）笔类

① 铅笔：铅笔分为传统铅笔和自动铅笔两种。传统铅笔笔芯有软硬之分，6B笔芯为最软、最粗，6H笔芯为最硬、最细，通常用中软性铅笔较为适合。自动铅笔有0.5与0.7型号之分，常用作速写勾线之用。

② 炭笔、炭精条：炭笔较软，颜色较黑；炭精条较硬，颜色相对较浅。两者多用于勾线速写、线条加深，涂抹，也可作为小面积辅助工具使用。炭笔黏附力不强，绘制后可使用定画液，解决炭笔着色牢固性问题。

③ 针管笔：针管笔笔尖粗细范围为0.1至0.9毫米，针管笔表现出的线条流畅、光滑，能够非常生动、细腻地呈现出精致的画面效果（图5）。

图5　针管笔

④ 圆珠笔：圆珠笔带有油性，一般在服装画的局部面积中作为辅助工具使用，在服装画的创意表现中作为特殊工具常被选用。

⑤ 毛笔：毛笔分为硬毫笔（如狼毫、兔毫等）、软毫笔（如羊毫笔）和兼毫笔（如长流、如意）。服装画中毛笔主要用于调色、上色、勾线等之用。

⑥ 水粉笔：水粉笔分为羊毫笔与尼龙型笔。羊毫笔柔软，白色较多。尼龙型笔吸水差、硬度高、棕色较多。

⑦ 彩色铅笔：彩色铅笔分为两种。一种是水溶性彩色铅笔（可溶于水），另一种是不溶性彩色铅笔（不能溶于水），通常有八色、十二色、二十四色等几种。彩色铅笔色彩纯度高、装饰性强，可深可浅，易于掌握，是一种较具表现力的绘画工具（图6）。

⑧ 马克笔：马克笔分为水性、油性两种，笔头型号有粗细之分，具有色彩干净、利落、装饰表现力强，画面易带有条纹状的特点（图7）。

⑨ 油画棒：油画棒是一种以油性见长的彩色绘画工具。可单独勾色线、涂抹，也可与其他工具结合应用。

（3）颜料

① 水粉颜料：水粉颜料亦称广告色、宣传色，常见的有管装与瓶装，常用国内品牌为上海马利牌、莱州文萃牌，国外品牌为樱花牌，它是绘制服装画时常用的色彩表现工具之一，具有无透明感、覆盖力强、容易改动的特性（图8）。

② 水彩颜料：水彩颜料分为管装水彩与固体。常用国内品牌为上海马利牌，国外品牌为温莎牛顿。水彩颜料具有透明、覆盖性能较弱的特性。水彩颜料适于表现轻薄透明

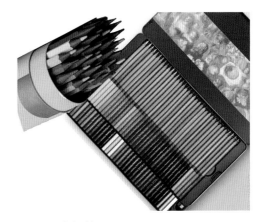
图6　彩色铅笔

图7　马克笔

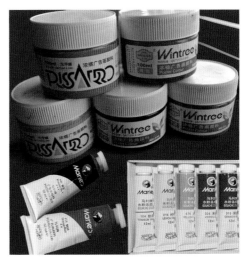
图8　水粉颜料

的面料质感效果，在绘画时应注意色与色之间的自然融合。

③ 国画颜料：国画颜料一般分成矿物颜料与植物颜料两大类，常用国内品牌为上海马利牌。国画颜料透明性最强，适于应用渲染法、写意法，表达浓淡相间的视觉效果。

④ 丙烯颜料：丙烯颜料具有色彩浓重、持久鲜润，速干且干后不可溶性的特色。服装画中一般选用用水作为调合剂的绘画方式，并且选用颗粒型的丙烯颜料以此为制作肌理提供方便。

（4）其他辅助与特殊工具

绘制服装画的辅助与特殊工具种类多样，它不仅为服装画的表现奠定了基础，而且也为其创意效果的表达起到了关键性的作用。其他辅助与特殊工具一般包括：喷笔、皮尺、笔洗、调色盒、调色盘、画板、刀子、胶水、双面胶带、胶带、夹子、图钉、排刷海绵、毛巾布、牙刷、酒精、盐、砂纸等。

2.电脑绘画软件

电脑绘画软件主要包括一般设计软件，如painter、photoshop和服装专用软件，如富怡设计CAD、智尊宝纺设计CAD等软件。电脑绘画通过电脑和手绘相结合，更能制作出理想的服装效果图和服装插画。电脑绘画表现的操作十分方便、快捷，并可反复修改，而且画面效果与纯手绘完全不同，许多手绘达不到的效果，电脑绘画可瞬间完成。

五、服装画的发展历史

服装画是反映当时经济状况、意识形态、主流文化和政治状况的一面镜子。它不仅具有实用性、功能性、商业性的属性与特点，反映出一个时代的穿着方式及穿着理念，而且蕴含着强烈的艺术性和鉴赏性，承载着不同历史时期创作者的艺术理念和创作精神，时装画把握着时尚的脉搏，站在了时尚流行的最前沿。

当前，回眸服装画的发展历程，感受其自然真挚的情感和深刻挖掘其的创作技艺，不仅有利于我们在更好的继承传统的基础上掌握服装画这门技艺，而且对于实现现代服装画艺术的发展，增强服装画的创意表达具有重要的现实意义。从历史学的意义上来说，了解服装画的历史，也是服装行业从业人员必须具备的专业素质。

1.西方服装画

（1）西方服装画的起源

服装画最早可追溯到洞穴岩画上做标记开始。在早期的洞穴绘画、宗教寺庙壁画、浮雕、雕塑等历史遗存中可以看到大量生动而优美的男女服装造型，它记载着人类早期的服饰文化，但这些艺术形式所呈现的服装效果并不是严格意义上的服装画，它们采用的绘画创作方式并不是以表现服装为主要目的。

（2）西方服装画的出现

16世纪，随着欧洲与世界商贸的发展，艺术创作得到了巨大的发展。当时艺术家们在国家元首及贵族们的有力庇护下，自由自在地在宫廷之间交流思想，进行创作描绘欧洲上流社会和宫庭贵族生活，这样也由此而详尽地记录下了当时的流行服装、民俗服装及舞台服装等精美的服饰形象，这可以看作早期服装画的雏形。在这个时期内已经开始出现以木版画形式反映上流社会达官贵人宫廷生活的定期出版刊物，并且它作为上流社会身分、地位和财富的炫耀品，向世人们展示其修养和富有，这种刊物仅局限在极少数人翻阅、馈赠、装饰家居，有时也被作为国礼赠送给兄弟邻邦，对平民百姓受到了制约。由此可见，最初服装画产生的原因并不是为了服装设计，它是作为上层社会时尚生活相互交流借鉴的传播媒介进而后来嬗变为服装画。

16世纪中叶，英国伦敦温斯劳斯·荷勒（Wenceslaus Hollar），以蚀刻法作出了世界上第一张真正的服装画，画面精美、自然，极具表现力，它因此也被誉为是最早的服装版画家，他为服装画的发展做出了巨大的贡献。1640年，温斯劳斯·荷勒出版了26幅系列服装版画。这一系列版画作品依照现实与原有的资料草图以象征性的装饰拼接展示了女子服装各个不同部位的精确细节（图9）。

图表5 Wenceslaus Holla 时

图9 温斯劳斯·荷勒的服装画

17世纪时装画最主要的特征是开始以铜版画形式刊登彩色服装画。1672年，法国创刊了世界上第一本表现贵族生活和服饰时尚的杂志《美尔宪尔·嘎朗》*Le Mecure Galant*，并公开向社会发行，其印刷精美，画面细腻、生动，更富有艺术效果，起到了引导服装潮流的作用。这期间法国逐渐成为世界时装的中心，表达流行讯息和超前意识的服装画大量出现。典型服装画家代表：英国的理查德·盖伊伍德（Richard Gaywood），他主要创作人物肖像画，画面人物生动，记载了很多服装款式的细部刻画。

18世纪社会结构发生着深刻的变化，服装画传播得以更加的广泛，以洛可可风貌为背景的文化潮流影响着着服装绘画的不断发展，服装画面带有风俗画、雅宴画的情调，开始出现多个男女的服装系列描绘，人物姿容曼妙，装饰满身，色彩艳丽，并具有奇特的发型、帽子和鞋子，充满着雍容华贵的装饰风格，同样室外风景，时髦宅邸的外观，内部的陈设等着装环境也进入到画面当中，描绘手法写实、细腻，突显着一种故事情节，表达了上流社会奢华装饰生活氛围趣味。18世纪以后，服装讯息主要以报纸和杂志传递，如18世纪末的法国《流行时报》和最早使用雕版制作、具有商业性质于1759年出版发行的英国《妇女杂志》*The Lady's Magazine*等时尚刊物，它们再一次推动了服装画的发展。18世纪末德国一度取代了法国时尚的地位，一改过去的浮华、享乐贵族风气，使服装画向大众方向发展。典型服装画家代表：法国的安东尼·华托（Antoine Watteau），他创造了一种优雅、活泼的绘画格调，在其梦幻般的作品中，流露出一点难以名状的忧伤感，画面显示了一种深厚的韵味。

19世纪，服装画仍以版画为主，画面体现了浪漫主义的幻想色彩，典雅的气息，写实而唯美。19世纪前期，开始出现了有版彩色印刷技术，当时所发行的服装样本几乎均采用此种印制方法。19世纪下半叶，巴黎再次成为时尚中心，时装展现了浪漫主义的风格，并且由于照相凸版印刷术的产生，服装画作品大部分是印刷品，呈现出强烈的说明性味道，相比之前，艺术性的表现稍逊一筹，随之而形成了类似于今天的服装杂志和服装画报。

20世纪，文化思想、艺术思潮和艺术形式更加的丰富与活跃。20世纪初期，新艺术运动时期，服装画风格色彩艳丽，线条变化丰富而且服装整体上通常呈现出S型的优美造型。装饰运动时期，线描、平涂、装饰元素等都在画面中被格外强调。服装画逐渐从美术家那里分离出来，开始出现了定期发布时装流行信息的时装期刊，如服装刊物 Vogue，由于其时尚先锋性，奠定了其在服装画中的创始地位，也给后世的服装画家提供了广阔的创作空间。代表人物有英国的查尔斯·沃斯（Charles Frederick Worth），法国的保罗·波列（Paul Poiret），英国的奥博瑞·比亚兹莱（Aubery Beardsley）等。20世纪前30年是服装画的鼎盛时期，"金色时代"，服装画画家成为当时十分热门的一种职业。由于受到表现主义、立体主义、超现实主义、未来主义、达达主义等艺术流派久远的影响，服装画家们以娴熟的技法、无拘无束的自由态度塑造了优雅、轻松、浪漫画面多充满了当时巴黎流行的艺术

品味。服装刊物有 Vogue、La Gazette du Bon Ton、Pochoir 和 Harper's Bazaar。代表人物有艾尔特（Erte）、卡尔·埃里克森（Carl Ericson）、威廉姆兹（Rene Bouet-Willaumez）等。

20世纪30年代末为服装画的衰退期。第二次世界大战席卷了几乎整个世界，社会经济的衰退直接影响到服装业的发展，此时绝大多数巴黎服装刊物停刊，服装画家的生存受到了巨大的挑战。同时随着摄影技术的初露锋芒，1925年《格调》杂志关闭，1932年，Vogue 第一次使用摄影作品作为杂志封面，不少时装摄影作品登上了期刊画报上的版面，服装画面临着严峻的挑战。战后，巴黎高级服装业重整旗鼓，直到1947年法国著名的时装设计师克里斯蒂安·迪奥（ChristianDior）的崛起，时装杂志才回归到正常的发行，但由于时装摄影的兴盛和其传播中的便捷性，服装画占据时装刊物主导地位的形式已逐渐被摄影作品所取代。至今，以服装画表现服装设计的方式作为时装杂志已很难再见到，但在现代服装设计艺术的创作中服装画仍占主流。

20世纪60年代，全世界掀起了一场史无前例的"年轻风暴"，年轻、朝气蓬勃，追求时髦与新奇的风潮达到空前的规模，彻底改变了20世纪时装流行方向。在这个动荡的年代里，服装业迅速发展，服装摄影逐渐壮大起来，服装画的发展受到了一定的冲击，特别是服装画家埃里克、布歇等的先后辞世，服装画艺术也逐渐走向衰退，陷入了有史以来的最低谷时期。代表人物：西班牙的安东尼奥·鲁佩兹（Antonio Lopez），他的作品以洒脱的笔力、明快的色彩、流行幽默风格

著称。

20世纪70—90年代是服装画的复兴期。在这个多元化的年代里，来自于毕加索的立体主义，康定斯基、蒙德里安的抽象主义，包豪斯与构成主义等大师作品都为服装画创新提供了素材，服装画也因此树立了浓郁、独特的艺术风格。20世纪80年代，由于服装画所具有的审美趣味，再度受到人们的关注，服装画作为一种独立的艺术形式保存至今。代表人物有法国的伊夫·圣·罗朗（Yves Saint Laurent）、德国的卡尔·拉格菲尔德（Kail Lagerfeld）、日本的矢岛功（Isao Yajima）等，他们用那欢快流畅的笔触和树胶水彩的画法，展现出了丰富的情感。

21世纪是服装画的大发展时期。21世纪是文化的世纪，服装画这门古老而具新鲜感的艺术形式伴随着服装的流行在世界各地广泛传播，并且发生了具重要意义的变化，它以崭新的设计与传播方式迎来了繁荣的发展时机。服装画家们的创作表现形式更加宽广，他们在创作表现过程中以更加强调自我表现主义的色调、高度概括的造型形式、特立独行的绘画尝试，并结合新型材料、新工艺的运用，给服装画注入了新鲜血液，并且服装画应用涉及领域也更加多元化，它不在仅仅只局限在时装或是杂志，在服装品牌推广、时尚产业和与之不相关联的家具和汽车等行业也都会看到服装画的踪影。服装画的这种多元化的设计意境让我们体味到了人们回归真实自然的意愿。但相比于时装摄影、互联网等现代传媒，服装画作为大众传播性的优势已不复存在，服装画再也不可能回到1920—1940年公认的"黄金时期"了。当

代服装画的代表人物有英国的大卫·当顿（David Downton），他以自然生动的线条，唯美的造型，明快的色调勾画出传神的人物，以当代怀旧风格的重新演绎作品形式令人耳目一新。西班牙阿托路·伊利娜（Arturo Elena），当今西方时装摄影界首屈一指的风格主义大师，雄霸VOGUE杂志20多年，她的服装画以拉长的人体轮廓线条，夸张而浓厚的色彩，略显怪异的画面意境，将奢华、张扬的女性气息诠释的淋漓尽致。

2. 我国的服装画历史

（1）服装画的溯源

几千年的华夏发展史，对于着装人物的描绘非常多，从南唐画家的《韩熙载夜宴图》到明代画家唐寅的《孟蜀宫伎图》，中国古代服饰的绚丽辉煌是世界公认的，但似乎和现代的服装画定义有一定的距离。

近现代服装画在中国最早的雏形可以视作为19世纪在上海以美女题材为主的时装广告画"月份牌"，尽管它与西方服装版画在工艺制作方式完全没有相似之处，但"月份牌"，画作中描绘了大量的时髦青年女性形象，记录了那个时代极富时尚风采的服装样式，极富东方韵味，成为当时流行时尚传播的载体，对人们的着装具有引导性。

（2）服装画的出现

20世纪30年代，现代意义上的服装画开始在我国的服装领域出现。画家们借鉴中国画的用线与水墨神韵体现创作意境，画面自然、幽雅，俨然一幅动人的艺术作品，其具有典型的中国特色。尽管这些作品还算不上真正意义上的时装画，但也具备了现代意义

上的服装画品质。代表人物有方雪鸪、叶浅予、张光宇等。他们最早是在生活服装设计和戏剧服装设计中运用服装画形式，他们的作品已成为中国近现代设计史上关于服装画的开山之作。

20世纪70年代末和80年代初，伴随着我国文化艺术的发展日趋兴盛，服装画这种独特的艺术形式真正成为我国服装文化和服装教育的一个重要组成部分，成为我国服装画的发展期。

21世纪以来，服装画已成为目前国内外服装院校的专业必修课程。服装画在以服装行业为代表的广大商业领域中具有重要的地位与作用，并随着服装业的发展，它的角色也在发生这变化，尽管服装画极具艺术性美感，但实用形态仍然是现阶段国内的时装画的主要方面。随着服装CAD的出现，"服装画"又产生了"机械"与"手绘"相结合的艺术表现形式。国内服装画家在借鉴了西方的服装画的特点的同时以自己的设计风格和表现理念诠释着服装画的内涵与精神，为中国当代服装画的发展发挥着积极的作用。

六、历史上的主要服装画家

① 埃里克（Carl Erickon，1914—1980，瑞典），他是20世纪对服装画最有影响的人物之一。对于巴黎的服装设计师来讲，最能代表他们设计的莫过于埃里克的服装画了（图10）。

② 安东尼奥·鲁佩兹（Antonio Lopez，1943—1987，西班牙），他被喻为时尚插画界的毕加索。安东尼奥·鲁佩兹的插画作品张力和个性感十足，其现实主义的创作风格至今仍被许多人模仿（图11）。

③ 穆夏（Alphonse Maria Mucha，1860—1939，捷克），他的人物形象成熟，追求极端唯美的新艺术曲线装饰风格，创造了"穆夏风格"（图12）。

图10　埃里克的作品

图11　安东尼奥·鲁佩兹的作品

图12　穆夏的作品

第二章

服装画人体局部的表现

服装画表现中人体局部关键部位表现的好坏直接关系到整张服装画表现的成败，尤其对于面部效果的处理，直接影响到整个服装作品的圆满完成。

一、头部的表现

服装画头部表现是人物造型表现的关键部分。在服装画中，头部表现主要包括基本比例、脸型特征、五官表情、头部与颈肩关系。服装画头部表现根据应用范围不同既可概括、简要、省略描绘，也可强调面部细腻的结构变化。

1.基本比例

服装画中的面部造型和五官比例遵循"三庭五眼"的原则。成年人平视状态比例，"三庭"是发际线至眉线长度、眉线至鼻底长度、鼻底至下巴长度三段距离均相等；"五眼"是人物正面脸部宽度等于五只眼睛的长度。人物正面脸部一般鼻子的宽度约大于两眼间的距离，嘴的宽度超过鼻的宽度，耳朵的上沿齐眉毛（图13）。未成年人平视状态比例与成年人有所不同，尤其是4~6岁的儿童"三庭五眼"比例，两眼之间要大于1个眼的宽度，眼睛中线（头顶至下巴）低于成年人的比例变化，另外，由于，正侧面、3/4侧面、仰视时，鼻底至下巴距离较长，俯视时鼻底至下巴距离较短，同时眼睛、鼻子、嘴巴、耳朵也产生相应的透视变化（图14）。

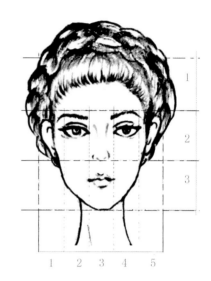

图13 头部基本比例

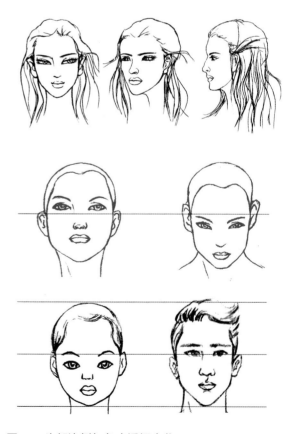

图14 头部比例与角度透视变化

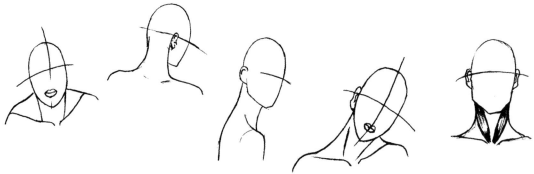

图15　头与颈部关系

2. 脸型特征

　　人的脸型基本上可归纳为方形脸、圆脸、瓜子脸、鸭蛋脸等，不同的种族、年龄脸型都有所区别。服装画对于脸型的刻画应注重男女脸部结构关系，展现男女脸型的形象特征。男性脸部轮廓应方正明晰，颌宽而有棱角，常选方形脸，用硬粗线条表现；女性脸部轮廓应娟秀圆润，常选鸭蛋脸、瓜子脸，用软细线条表现。

3. 头、颈部关系

　　头、颈关系即在运动过程中头部与颈部之间的动势关系。服装画头与颈表现时应把握两者之间的关系，着重描绘头、颈处的骨骼，与肌肉胸锁乳突肌、锁骨和斜方肌等重要部位位置变化组合关系。可通过应用两点之间连线，线与线之间、线形框面的关系确定动势与部位的关系处理（图15）。服装画中女性颈部常常拉长，体现女性的柔美，男性颈部拉粗，表现健壮挺拔之感。

4. 五官及表情

　　依据不同种族人的五官特征，服装画人物五官及表情的描绘可以通过轮廓、位置与比例的关系，达到完美概念化的人物形象。通常可采取写实细腻描绘和简化夸张二种方式加以处理。写实细腻描绘赋予了服装画头部神采奕奕的效果，简化夸张的处理实现了服装画头部造型的概括、简练，带来不同的性格倾向。另外，五官与表情相关，喜怒哀乐的表情刻画对于服装画的头部刻画同样具有重要的意义，它使服装画脸部效果更具生动性，服装画画面更具欣赏性（图16）。

图16　五官及表情

（1）眉眼的表现

眉眼是表达情感最动人的部分。对于眼睛的描绘要正确掌握其比例结构，进而达到眼睛神韵的表现，进一步增强脸部的魅力（图17）。

① 眼睛的表现：a.眼形。女性的眼睛大而长，男性的眼睛小而短，儿童的眼睛稍圆。一般正面初始表现时应从归纳为平行四边形着手，注意两眼之间的距离，不易太近，太近易显愁眉苦脸相。b.内外眼角。欧洲女性内眼角表现要圆且稍长，亚洲女性内眼角表现要短尖，外眼角微扬体现出上下层的关系。在表现两只眼的时候，应注意内外眼角应在一条水平弧线上。c.眼睑。上眼睑比下眼睑厚深，上眼睑往往用粗线描绘，产生深度感，体现弧线柔和自然感，下眼睑用间段的细线表现，眼色较轻，画眼睑时转折处应符合眼球的转折。d.眼球。表现眼球时要特别注意眼部的精细变化，如上眼睑投下的阴影、自身结构形成的暗部及反光点、黑色深邃的瞳孔上小而亮的高光。眼球占的比重要大些。e.睫毛。通常女性的睫毛要长，表现出妩媚感。男性的睫毛不易多画，以体现男子气概为主，儿童的睫毛则可加长以体现可爱天真之趣。f.附带结构。眼睛的表现还应当包括眼部周围的形体表现，如眼部结构和眉弓的穿插、眼部肌肉的体积关系。

② 眉毛的表现：a.眉毛轮廓线。可按照眉毛生长规律和状态进行描绘，一般两眉间勿靠得太近，离得太远，间距为一只眼长。男性的眉毛要粗而浓，笔触转折粗犷；女性的眉毛要略细；儿童的眉微弧上扬，眉毛不用画的很粗很浓。b.眉毛分上下层，表现时

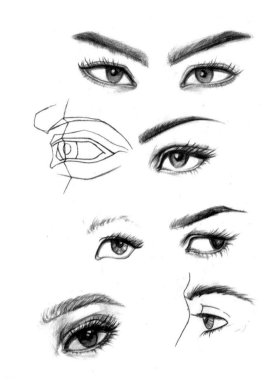

图17　眉眼的表现

应注意厚度，注意斜角的变化。

眉眼表现可适度夸张，女性眼睛当处于半侧面时可将远距离的眼睛适当省略。

③ 鼻子的表现：鼻子由鼻骨、鼻头、鼻翼几部分构成。鼻子是面部最突出的部位，处于五官中间的位置。鼻子大小、宽窄因人而异，画鼻时应注意鼻子外型随头部运动产生的透视变化与脸部的位置比例关系。男性鼻子可表现出鼻梁的直挺、鼻翼的宽厚，女性鼻子可表现出鼻梁略略弯曲、鼻头小巧圆满、鼻翼纤细，儿童的鼻子可只表现鼻头小巧圆润，上翘之感（图18）。服装画中，正面、侧面鼻子注意画出它的立体感，并表现出透视变化，也可做简化夸张概括性的处理，只画出鼻梁线和鼻底。正侧面时表现鼻子的轮廓线应有力度，有时根据需要仅用一点代替或根本不画。

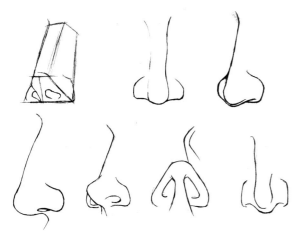

图18　鼻子的表现

（3）嘴巴的表现

嘴巴是传递表情的关键，极具表现力。嘴巴的形状是多样的，宽窄与厚薄不同，呈现出柔和丰润、骨干坚毅的特点等。服装画中，嘴巴的表现应重视唇线轮廓圆润饱满程度，唇线与嘴角的虚实变化，上、下唇的厚薄立体感，位置与角度的透视变化等。对于欢笑开启的嘴巴牙齿做省略含蓄的概括处理，一般无需颗颗刻画。女性嘴巴一般表现不宜过宽，上、下唇较男性丰厚，嘴角略微上翘，突出口红质感（图19）。嘴巴在正面角度往往被简化，在全侧面时可以略作省略。

图19　嘴巴的表现

（4）耳朵的表现

服装画中耳朵表现通常多为十分概括，简练处理。它在表现耳朵基本比例结构的同时重点描绘耳轮廓线形状。耳朵随着头部扭转姿态相应发生变化，特别是耳朵处于正侧面时，耳朵的基本结构成为造型重点，应用简练细腻的笔法准确表现出它的立体感与透视变化（图20）。

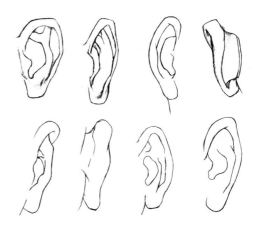

图20　耳朵的表现

图21　发型的表现

（5）发型的表现

　　发型描绘是服装画的一个重要表现内容，它的长短、曲直形态无不影响着人的面貌。发型常分成卷发、直发、束发、盘发。在绘制头发时，应首先意识到发型与脑颅的体积结构、脸部的关系。其次，依据发型走势规律，以块面结合的处理方式，描绘发型的内外轮廓，并通过色调与粗细流畅的线条表现发型的结构与细节特征，形成发型的层次感、光亮感、韵律感。再次，发型讲究时髦。因此，发式设计应了解时尚，流行的发型造型要与着装人物的身份、服装的款式相谐调，如女性发型多描绘成长发、卷发等妩媚飘逸的样子；男性发型多描绘成短发、直发等精干的造型。最后，发型表现应简洁、概括，要从整体出发，有侧重面、有主次地描绘整个发型，如头发与脸部的上下空间感、发梢疏密感等细节体现，都会给发型变化增添完美的视觉效果（图21）。

二、上肢的表现

（1）手部的表现

　　手的结构复杂且灵活多变成为人体绘画中的一个难点，绘制的准确、生动与否将会影响到服装画的呈现，所以必须特别重视。总的来说，手由腕、掌、指三部分组成，绘制手部时，首先从整体出发，将手型与手掌归纳为扇形、六边形等形态画出大形，并以腕骨内侧凸点为中心，向指尖做出射线，确定手指的方向，并用多段平行弧线辅助确定指节位置与长短。其次，找准手部结构、手指关节点位置和透视关系，注意大拇指的独立运动范围，逐步勾画手指与指甲的形态，突出指节细节刻画。最后，注意手形与腕部结构的动态规律关系。服装画的手部动态主要分为两类，一是手部的独立形态。二是手部的组合形态。一般来讲，通过线条的轻重、流畅等一系列变化，男性的手应表现宽大厚实之感，手指画得粗短一些，形成力度结构感。女性的手应表现纤细柔软，手指画得修长一些，画出女人味。画好手部动态不易，平时要多作练习，反复临摹，直到将其掌握（图22）。

（2）手臂的表现

手臂是最灵活的部位，活动范围较大，肩部、手肘、手腕各有不用的运动规律。在服装画中，手臂可分为弯曲和自然下垂两种状态，绘制时应按各种结构关系与透视角度进行描绘，注意手臂的粗细变化及肘部与腕部的骨点。一般女性手臂应需弱化各部位肌肉关系，用圆润流畅的线条表现柔美质感。男性手臂应凸显肌肉特征，用有力度、硬朗的线条表现粗壮厚实之感。幼儿手臂应突出圆柱弧度，手臂上下部分可一样粗细（图23）。

服装画中上肢的描绘可以依据表现风格作简化省略处理。手部主要是简化处理手指和手掌的关系，强调手指和手掌外轮廓的动势概括造型。另外，手臂的简化省略处理可通过省略内轮廓线，把握好关节点，用简洁的外轮廓线表现手臂的曲折变化，呈现手臂动态造型的优美感。

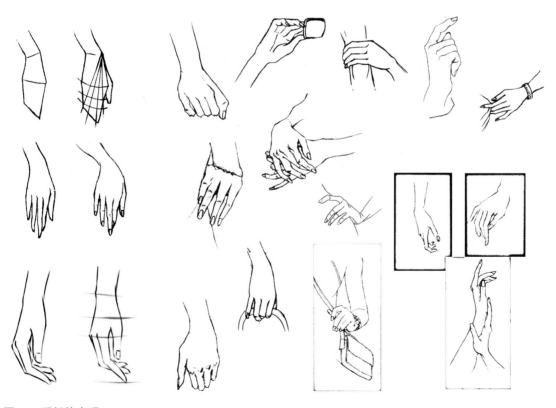

图22 手部的表现

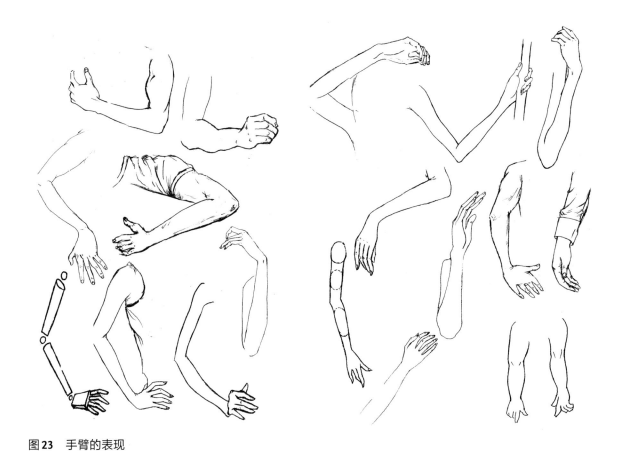

图23 手臂的表现

三、下肢的表现

（1）脚部的表现

脚是全身的支撑重心，脚的大小、位置关系到人体姿态的美感。脚由脚掌、脚趾、脚跟三部分组成，相当于一个头长。服装画中以画穿鞋的脚居多，绘制脚部要注意脚与鞋的关系、双脚前后透视关系和因受鞋跟高底影响脚掌、脚趾、脚跟所产生的变化，并且注意内踝要高于外踝的结构关系表现。一般男性的脚体现骨骼宽大，女性的脚体现秀气、圆润感（图24）。

（2）腿部的表现

人体动态优美主要依靠腿部运动效果的表达。服装画中以拉长腿部曲线为其最核心的表现特征。一般女性的腿部通过流畅、弹性的长线条呈现纤细的修长、性感之感，表现时弱化肌肉结构的起伏；男性的腿应以硬朗的长短线，表现出肌肉的刚劲有力感，要着重突出膝盖的骨节点特征。服装画腿部常被遮掩，但在描绘泳装、短裙、短裤时应着重腿部美感的体现（图25）。

服装画中下肢的描绘同样可以依据表现风格通过外轮廓的简化省略处理动态，体现下肢曲线的韵律美感。

总之，世界人种主要有黄色人种、白色人种、黑色人种和棕色人种，五官特征存在着明显的差异。在服装画表现时应着重体现这些人物特点。

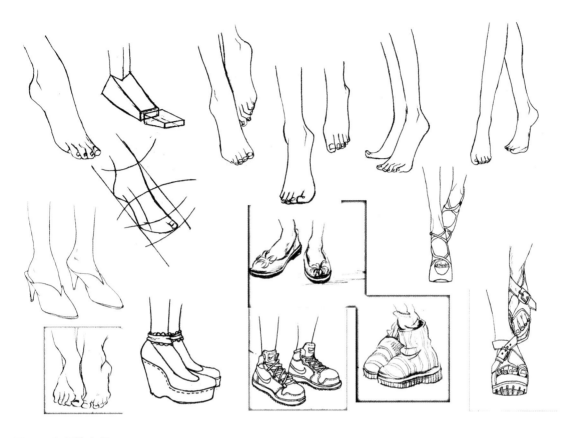

图 24　脚部的表现

图 25　腿部的表现

四、头部表现参考图（图26）

图26　头部的表现

第三章

服装画人体动态的表现

人体是大自然中最完美、最富有变化的形体，其内部结构十分复杂。服装画人体结构比例区别于日常生活中的人体结构比例，理想、夸张的人体结构比例构建了服装画人体表现的核心内容。服装画学习者应充分了解和掌握其表现技法，为后续服装画的绘制打下坚实基础。

一、人体结构的认识

人体共由206块骨骼组成，由头部、躯干部、上肢、下肢四大部分构成了人体的支架（图27）。人体的肌肉由五百多块肌肉组成，构成起伏婉转的曲线形体（图28）。

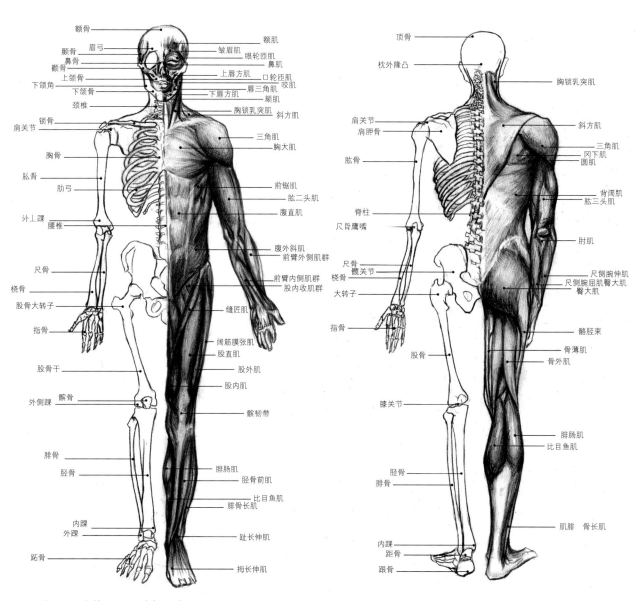

图27 人体正面骨骼与肌肉　　　　　　　**图28** 人体背面骨骼与肌肉

二、服装画人体比例

服装画中的人体是将常规人体结构概括并适当夸张体现人体曲线美的一种服装艺术人体，采用这种夸张身体长度的手法，能够表现出着装人物修长、优美的身段，可以很好的体现出服装画的艺术特色。通常一般成年人体的比例为7.5头高，而服装画中采用的成年人体比例标准长度为倾向于写实风格的8.5头高，并且常常出于对追求人体完美与表现服装创意的表现需求，甚至夸张到9.5头高、10.5头高、直至15头高以上，凸显了夸张、装饰性的味道。这种处理方法一般均会产生符合人体比例上的美感，得到了广泛的运用。

服装画人体以垂直头长为测量人体比例与高度的标注，在常规人体比例的基础上拉长人体比例变化，其主要加长部分为下肢腿部，或不加长，少量加长上半身。服装画对于人体比例的使用，没有一个既定的准则。一般来说，服装效果图中的人体常常选用8.5~9.5个头高左右相对稳重的比例，而对于服装插画人体则可能使用10.5~15头高以上极其夸张的比例。8.5头高人体被认为是艺术作品中最理想、最完美、最易掌握的人体比例。因此，对于时装画的初学者，应以8.5头高的成年人全身比例入手学习人体。

1. 8.5头高理想人体（图29）

第1头长：头顶至下颌底；

第2头长：下颌底至胸部乳点；

第3头长：胸部乳点至腰部；

第4头长：腰部至耻骨点；

第5头长：耻骨点至大腿中部；

第6头长：大腿中部至膝盖处；

第7头长：膝盖处至小腿中部；

第8头长：小腿中部至脚踝；

第8.5头：长脚长占四分之三头高。

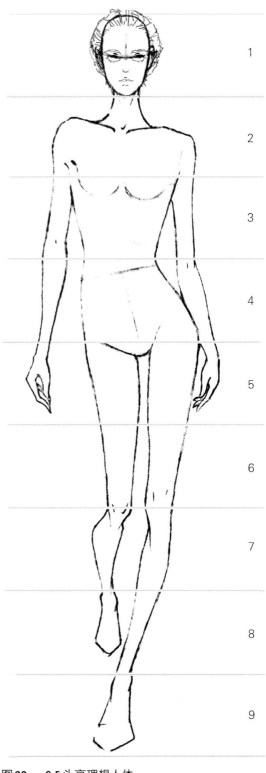

图29　8.5头高理想人体

2. 夸张人体（图30）

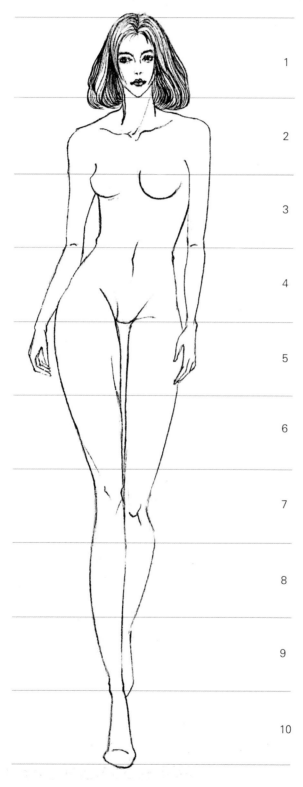

1
2
3
4
5
6
7
8
9
10

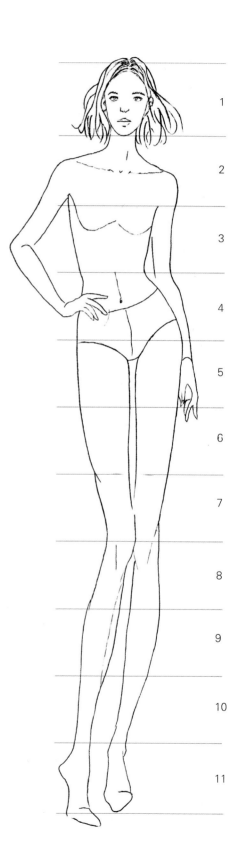

1
2
3
4
5
6
7
8
9
10
11

图30 夸张人体比例

3.结构比例

（1）横向比例

男性肩宽大于2个头宽，男性腰宽等于1个头高，男性臀宽小于肩宽。女性肩宽小于2个头宽，女性腰宽小1个头高，女性臀宽等于或大于肩宽。

（2）细节比例

①颈部长度至2~3线的l/4处；②肩部在2~3线的l/2处；③男性胸大肌在第3线略偏上位置，女性乳底线在3~4线的l/3处；④臂长：上臂长为1.5头高，前臂长为1头高，手长为3/4头高；⑤小腿胫骨前肌最高处在7~8线的l/2处，腓肠肌最高处在7~8线下l/4处。

（3）成年男女人体比例差异

男女比例由于生理机能的不同，形成了各自的特点：①男性头骨方大，脖子短粗、胸部肌肉宽厚，腰部以上较长，髋部较窄，骨骼肌肉起伏明显，轮廓分明。②女性头骨圆小，脖子细长，肩膀圆窄，胸部乳房隆起，腰部以下较长，臀部宽大向后突出，骨骼圆润，肌肉丰满平滑。因此，根据性别结构特点，抓住男女比例的差异性，可采用不同类别的线条，表现出男性的阳刚之气，女性的含蓄柔和之美（图31）。

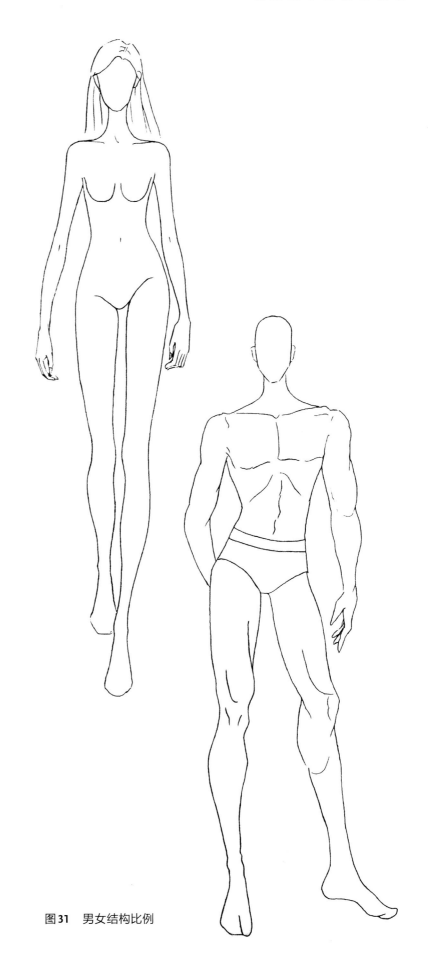

图31 男女结构比例

三、人体动态变化规律

人体动态复杂多变，无时不在运动和相对静止状态之中。因此，构筑服装画人体姿态并不是一蹴而就之事。掌握服装画人体比例动态变化后，需进一步研究人体动态造型规律，掌握人体的体积、重心、中心线等结构关系，以求达到服装画人体动态的准确、生动、自然，进而满足服装款式及风格的需求，增加服装设计的艺术效果。

1. 一直

一直即为人体的脊椎骨变化。它是由颈部至臀部由上而下贯穿身体中央的骨骼，从正面观察脊椎骨为一条垂线，从侧面看则是由四个弯曲度组成的一条曲线。人体的脊椎骨变化体现出了人体的线条美，支撑着人物姿态构造。

2. 三体积

三体积即为人的头颅、胸腔和盆腔的变化，它们各自成为一个整体，当人体发生扭转运动时，通过颈部、腰部、臀部的错位与轴向运动变化，使这三个整体在力的作用下产生不同方向的重新组合，变化出无数的动态（图32）。

3. 三横线

三横线即为人体的肩线、腰线与臀线的定位变化。当人体呈静止水平状态站立时，肩线、腰线与臀线呈平行状态，但当人体发生运动或发生扭曲时，腰线与臀线始终保持平行关系，肩线和臀线则呈现出相反方向的倾斜运动状态，并且随着肩线与臀线之间的角度幅度越大，身体扭动的幅度越大，相对动态交错的幅度就越大，动态也就越夸

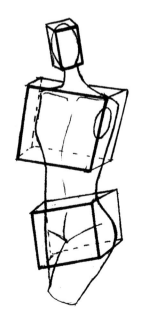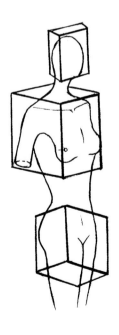

图32　三体积

张。另外，膝盖之间的倾斜度都遵循一般规律，即与臀部的斜向相一致。例如人的重量落在右脚上，骨盆右侧就高起，臀线就由右侧向左下方倾斜，肩线则向相反角度倾斜，只有这样人体才能保持平衡。除此之外。三横线结构也常有例外，肩线和臀线之间也可不呈现相反的角度倾斜，但这只是个例（图33）。

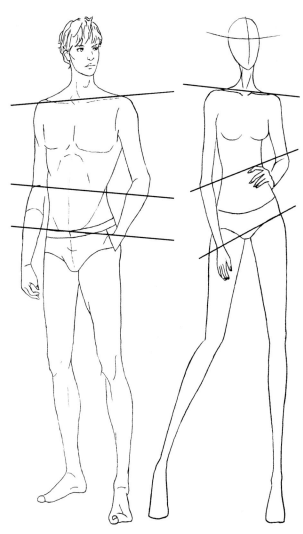

图33　三横线

4. 重心线

服装画中，表现人物的动态除比例关系之外，还应着重把握重心及重心平衡规律。重心是人体重量的集中作用点，不论姿态发生何种变化，人体的各部都围绕着这一点保持平衡。重心线是指在静止站立时、垂直、半侧稍息姿态的人体中，人体胸锁窝至肚脐至耻骨点向地平线作的一条垂线，这条连线将人体躯干分为左、右对称的两部分，其反映了人体动态的特征和运动的方向。它是分析人物运动的重要依据与辅助线，始终是作为一条垂直线的形式存在。重心线位置形式可以归纳为三类：双腿间的支撑面内，两只脚上，一只支撑脚上（图34）。

重心线能够帮助我们分析、判断人物的姿态是否稳定，控制人体动态的幅度与运动方向，让人物姿势产生平衡和谐状态，否则重心不稳整张画面会产生倾倒的感觉，破坏画面效果。

5.中心线

中心线即人体躯干的前后中间部位，通过它可以观察出人体动态转向的角度。中心线常处于人体躯干的对称中间状态，但由于动态姿势发生变化，中心线会随着胸部和臀部产生角度变化，如：人水平站立时，中心线位于躯干的中间，人体转到正侧面时，前后中心线变成了躯干的轮廓线。不管人体姿势怎样变化，前中心线和后中心线都是连接躯体和承重腿的主要参考结构线。

在任何一个姿态里，中心线的走向与重心线、承重腿的位置都无关系。前中心线是

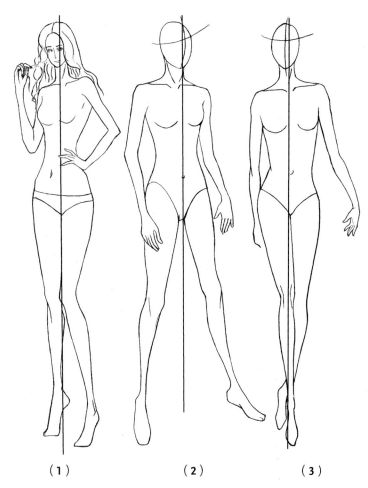

（1）　　　　　　　（2）　　　　　　　（3）

图34　重心线：（1）一只脚；（2）两脚之间支撑面内；（3）两只脚

一条从躯干上端到躯干底端的短线，它的主要作用是帮助改变肋骨和骨盆在动势里的位置，后中心线以后脊椎骨作为定位依据，成为背面人体结构表现的参考线。在人体动态变化中，中心线常常发生角度偏移，不与地面垂直，而重心线作为一条穿过人体的垂线却始终与地面保持垂直关系，中心线与重心线在表现形式上有着功能作用的差别。如图35所示，中心线差别对比图，三个姿势强调了各种人体动态中的中心线关系。当人体动态处于水平、正面站立时，重心线与中心线重合。

6.四肢

四肢包括手臂、手、腿和脚。四肢变化呈现出人体运动过程中的一种状态，表达出了丰富的情感和思想。四肢表现应与注重人体三大体积的关系，利于服装的款式与分割线的表达。

四、人体姿态手绘步骤

服装画人体动态表现一般包括正面、3/4侧面、正侧面等站立姿势。这些基本动态能够充分体现服装设计的创意，较为完整地呈现出服装的款式，它们也常常作为设计师和时装画家采用的姿势。下面我们将以女人体8.5头，3/4侧面的站立姿势为例具体介绍绘制步奏及绘图要领。

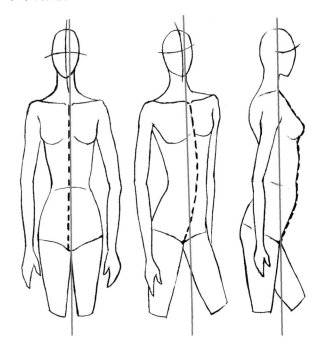

图35　中心线角度变化

1. 女人体3/4侧面绘图步骤（图36）

① 分别确定头顶和脚底的水平线，在这两条水平线之间画一条垂直线，作为人体的重心线，并以一个头长为标准将这条垂直线等分九份，做好横线标记点。

② 第1等分处绘制椭圆形头部。并按照肩线、腰线和臀线相反倾斜的三横线关系，在第2等分处1/2里画出肩线，在第3等分处里画出腰线，在第4等分处画一条臀围线。

③ 按照三体积关系，勾勒倒梯形的胸廓，梯形的骨盆形态，并在肩线和臀围线之间画出前中心线，注意中心线两侧的形状。因描绘3/4侧面，所以中心线两侧的形状不对称。

④ 画出颈部连接头部和肩部。注意颈部两侧倾斜的角度，肩部抬起时颈部较短，肩部下落时较长。

⑤ 绘制腿部与脚部。在第5、6等分处画出大腿的位置，在第7、8等分处画出小腿的位置，在第9等分处画出脚部。绘制应先从动态线入手，定出膝盖、踝骨关节点，然后再用曲线勾画出腿部基本形状形成动态姿势。在绘制腿部过程中，应始终保持腿部与脚部受力支点应回到重心垂线上。

⑥ 设计手臂的动态姿势，画出手臂与手基本形状。手臂的画法与腿部相似，注意臂根、肘部、腕部、手掌的比例位置关系。

⑦ 调整整体关系。根据以上动态的基本形，适当调整，并应用丰富的线条变化进一步加强人体表现效果，完成一

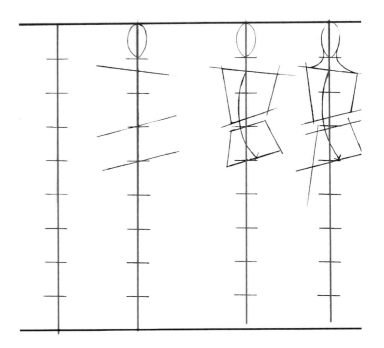

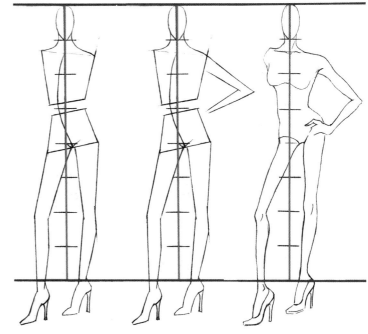

图36　女人体3/4侧面绘图步骤

幅完整的人体曲线图。

掌握恰当的服装人体姿态表现方法至关重要。服装画人体动态3/4侧面的站立姿势绘制具有典型性，从其造型过程与特点来看，它体现了人体动态变化规律，并且为我们准确掌握各种人体姿态造型起到了示范作用。

2. 借鉴设计

对于服装画人体动态的表现，可以依据人体动态规律设计动态，也可以借鉴相关资料丰富服装画人体的表现，如时尚服装、服装秀场等都可以成为我们获得人体动态的有效途径（图37）。

图37 借鉴设计

五、常用人体姿态

1.动态类型

　　服装画人体各种不同动态姿势语言传递了对于人物的画面感受。服装人体正面、3/4侧面、背面等站立的姿态多被选用。一般服装画可根据动态幅度、动态风格进行对人体动态的归类，这一做法不仅便于我们更好地理解与掌握人体动态结构特点，而且也进一步实现了与服装款式上的联系与呼应，增添与丰富了服装画的完美表现效果（图38）。

（1）根据动态幅度分为静止型动态、动作型动态

　　① 静止型动态。它是服装画表现中最为常用的人体姿态，这种动态人体重心稳定，动作幅度小，动作幅度不夸张，易于表现服装的造型结构特征，它较为适于表现典雅礼服款式，可以作为初学者开始学习人体结构时首选的动态（图39）。

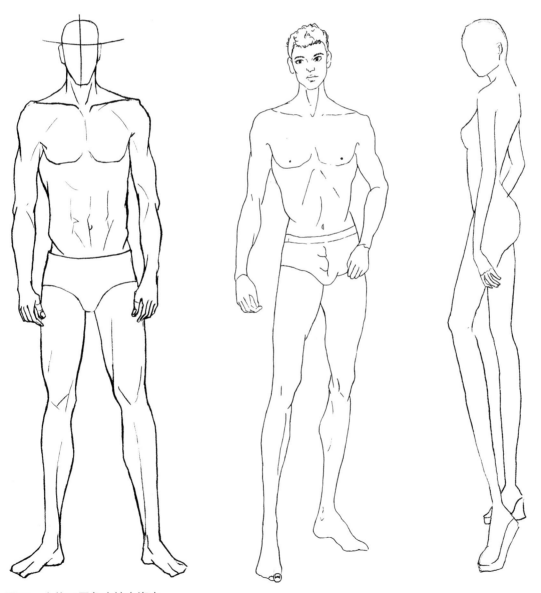

图38　人体不同角度站立姿态

图39　静止型动态

② 动作型动态。它也是经常被采用的人体姿态。动作型动态扭转幅度较大，动态重心线与中心线会产生较大的角度偏移，整个身体多呈现出复杂的肢体交错形态，但因其具有强烈的韵律动感效果，能够吸引人的注意力，制造出醒目的画面气氛，它较为适于服装画创意风格的表现及男女运动装、表演装、硬朗的中性款式等的表现。动作型动态绘画具有一定的难度，需经大量的训练才能取得好的表现效果（图40）。

图40 动作型动态

（2）依据动态风格

服装画人体姿态比例协调且表现富有动感，呈现出不同的动态情绪。我们一般常常将服装画动态归结为优雅型、休闲型、职业型等不同风格特点。服装画人体动态风格的描绘切合了服装设计表现对于其应用目的的要求，它的适合状态最大限度地表现出了服装的气质风格，增强对于服装美的遐想（图41）。

图41 动态风格

2.常用人体姿态参考图（图42~图44）

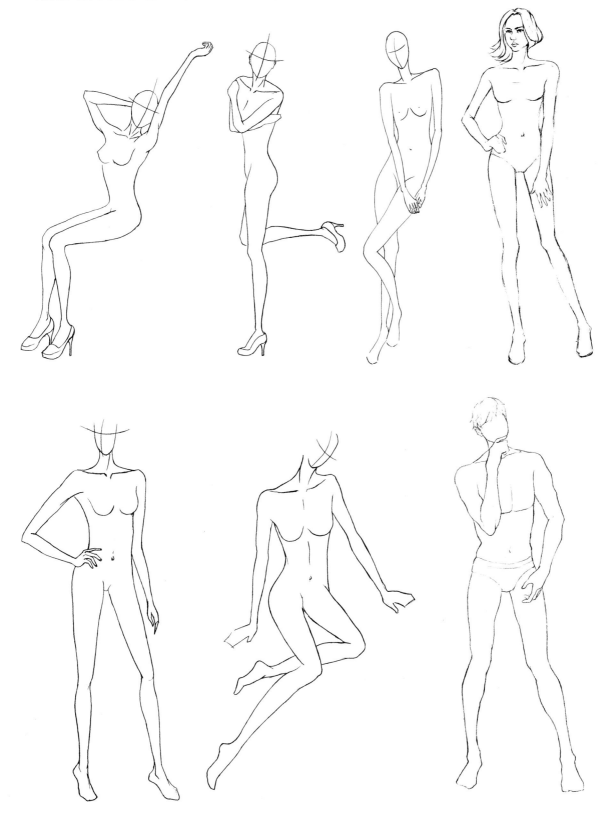

图42 常用人体姿态

图43　常用人体姿态

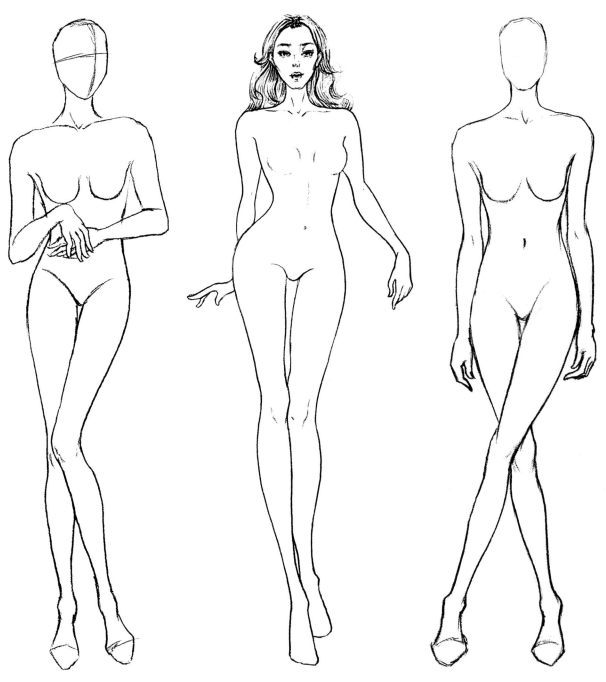

图44 常用人体姿态

六、服装画人体表现的重要意义

服装画人体动态是表现服装效果的重要
载体，它呈现出服装在人体上穿着的美感效
果。这些复杂的人体动态都源自于自然人体的
比例、结构美的提炼与升华，凸显了服装画人

体动态的审美标准。因此，熟练掌握服装画人
体基本结构及变化规律的表现技巧，达到服装
人体动态与服装之间的关系协调，个性化的表
达，是作为服装画学习者必修与长期坚持的重
要项目。由此可见，深入掌握人体、人体与服
装的关系是掌握服装画绘制方法的基础。

第四章

服装立体着装的表现

　　服装画由人体与服装两部分组成，在掌握人体动态的基础上，还要研究人体与服装的关系。本章从服装造型、服装款式平面图、人体着装步奏、服装衣纹与衣褶表现、服装面料质感等几个环节加以阐述服装着装表现的规律。着装表现是本章的重点，初学者应加强理解与实践以求达到丰富的服装画表现效果。

　　服装造型是创新之美与技术之美的结合，服装的造型由整体外轮廓、局部内结构、细节零部件等设计构成所决定，此外受流行时尚的影响也不容忽视。服装的整体造型决定了服装的造型风格，服装的内部轮廓与部件强化了服装的细节特征。因此，掌握服装造型的分类特点、外形变化的主要部位、构成的基本规律是进行服装设计及绘制服装画的首要步骤。服装画对于服装造型的主要表现内容应从以下几个方面着手：①服装的整体造型；②服装的局部造型；③服装的工艺表现。

一、服装整体造型

服装整体造型是指服装外轮廓的造型，是服装被抽象化的整体造型。它是体现服装款式时尚流行变化最重要的特征之一，具有外形直观性与剪影般的轮廓特征。因此，当进行服装画构思时要先从整体造型上设计构思，把握服装的第一感觉，注意服装的比例协调关系、变化部位，结合适当的人体动态最大限度的表现出完整的穿着形象。

服装的整体造型一般可通过字母进行分析归纳，主要分为：H型、A型、V型、X型，并且在基本型基础上变化又可衍生出O型、S型等更多富有情趣的轮廓造型（图45）。

①A型：整体服装造型呈现上小下大型。A型廓型的服装具有潇洒、活波的造型风格，适于女性婚纱、喇叭裙等，人物动态采用上肢靠近身体，下肢幅度较大的人物姿势。

②H型：整体服装造型呈现上下基本等大的筒形。它不强调胸和腰部的曲线，肩部、腰部、臀部宽窄一

A型

图45 服装整体造型

H型

致。H型服装的廓型具有简约、庄重、朴实的中性风格特征，适合于大衣、简裙、西裤，人物动态可采用静止对称型处理。

③ X型：整体造型呈现上下两边大，中间小型，通常以夸张肩部，强调胸、腰部线条为主要造型手段。X型服装的廓型具有典型的浪漫主义女性风格，线条优美，自然大方，给人以高贵时尚之感，适合于套装、连衣裙等，人物动态可采用下肢分开站立，手部搭在腰间的姿态。

④ T型：整体服装造型呈现上宽下窄造型，即夸张肩部和袖子的设计，收缩下摆。T型服装的廓型具有洒脱、刚强男性力度之美，适于夹克等，人物动态采用夸张肩部、下肢收拢的直立姿态。

二、服装局部造型

服装局部造型是不可或缺的基础结构要素，它是服装整体造型的完善和充实。服装局部造型包含领子、袖子、口袋、褶裥等，这些最具变化性和表现性的局部造型在与功用的有机结合中实现了服装设计与结构的创意、美化，注入了别致的情感与精彩的韵味，带来了一种全新的感受，但相对于服装整体设计而言，服装局部造型会受到整体的影响与制约，兼具自己的设计原则和特点。总的来说，服装局部造型细枝末节的推敲将会使服装画产生最佳的造型效果。服装局部造型因人体不同的动态变化会产生透视变化，在描绘的时候要十分注意透视的准确性与合理性。

1.衣领

衣领是服装设计的重点。衣领描绘得是否准确，将直接影响到服装的造型。通常按衣领的形态可分为翻折领、立领、波浪领、非对称领等（图46）。画好衣领应注意：①突

图46　衣领造型

出衣领造型特点，形成外观造型多变与趣味性的特色。②衣领与颈部的贴合关系，呈现出衣领贴合颈部走势缠绕的效果，注意面料的厚度。③中心线与透视关系。当人体处于2/3面、全侧面扭转运动时，把握中心线的位置转向变化可以避免透视错觉，形成合理的衣领透视效果。④衣领的褶皱与面料的关系变化。

2. 衣袖

衣袖有长短、宽窄、肥瘦之分，按形态可分为西服袖、插肩袖、泡泡袖、连袖等（图47）。画袖子时应注意：①衣袖造型设计。衣袖种类多样，袖身与袖口变化丰富，设计上更具难度，如抽碎褶、波浪层叠等袖口的复杂变化，表现时应依据造型风格，以流畅、饱满的线条，展现其运动节奏感。②衣袖与上肢姿态的吻合关系。手臂的结构为圆柱体基型，衣袖包裹着手臂，表现时应依据手臂中心线勾勒出袖内存在手臂的立体感视觉。

③衣袖褶皱关系。褶皱是表现衣袖真实立体效果的关键，在手臂处、肘关处、腕节处易产生褶皱的位置，应强化褶皱变化以此表现出不同面料质感效果。

3. 口袋

口袋是服装款式风格表达的一个亮点。口袋的造型可分为插袋、贴袋、盖袋等，以正方形、长方形、半圆型为主（图48）。画口袋时应注意：①口袋设计的实用功能性与装饰性。在大小、位置、形状做到协调统一，突出口袋设计的对比视觉符号效果。②口袋造型与人体角度的透视和服装的转折变化关系。

4. 门襟

门襟是服装最醒目的主要部件，按对接方式可分为对合门襟、对称门襟、非对称门襟。门襟多处于服装的中心位置，构造出服装整体大方、朴实的美感（图49）。画门襟

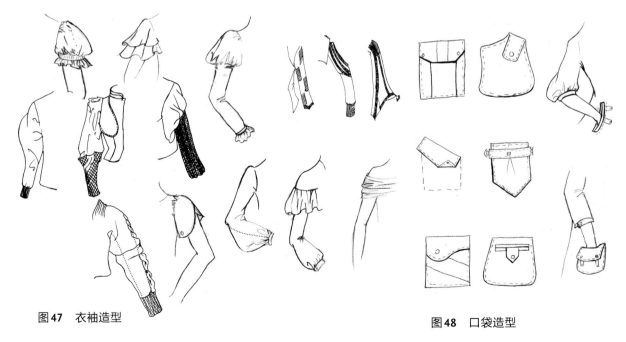

图47 衣袖造型　　　　　　　　　　　　**图48 口袋造型**

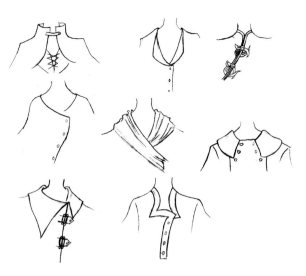

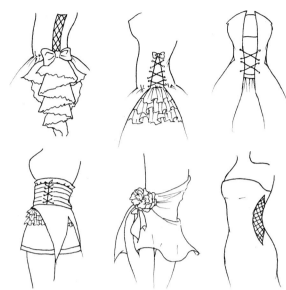

图49　门襟造型

图50　腰部造型

时应注意：①中心线的位置确定。中心线位置是纽扣的中心位置，而不是门襟的重叠线。②起伏变化。门襟起伏变化体现了服装穿着的自然状态，尤其是当人体处于正侧面时，门襟起伏表现就成为了刻画的重点。

现出女人的性感魅力（图50）。

6.裤子

裤子造型多变，可分为：宽松裤、直筒裤、高腰裤、低腰裤、短裤、七分裤等。画裤子时应注意：①应从臀部较高的受力腿开始设计着装，然后再处理放松腿的刻画。②描绘裤子与人体的贴合关系，凸现人体腿部与裤子的距离围绕状态。③褶皱。膝盖、裆部、裤口裤褶较明显，对于它的描绘可以很好的表现出裤子宽松度和透视关系（图51）。

5. 腰部

腰部设计是整套服装的精华和要害之处，腰部的造型按高低可分为低腰、中腰、高腰。腰部位置处于上下变化之中，画腰部时应显现腰线设计的比例关系，尤其对于女装表现而言腰部高低的恰当设计表现可以很好地展

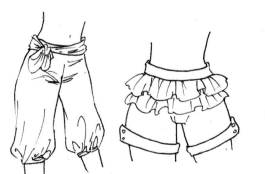

图51　裤子造型

7.裙子

裙子是彰显女性魅力最生动的服装造型之一。它种类繁多，通常可分为：喇叭裙、直筒裙、迷你裙、长裙、高腰裙、低腰裙等（图52）。画裙子时应注意：①轮廓造型。先描绘立体筒型作为裙子外轮廓造型的基础，然后再细致刻画突出裙子的款式特点。②结构线与褶纹。描绘时应区别两者关系，辨清裙纹方向，不可混淆。③裙子与人体的贴合关系。以流畅多变错落有致的线条呈现出裙子的飘逸舒展之态，同时在刻画时也不可因裙子的动态关系忽视裙子本身的款式造型。④裙腰位置关系。

8.服装工艺

服装工艺是体现服装设计视觉形象意义的表达媒介。在绘制服装画时，尤其要注意服装款式内部结构工艺与装饰特性的处理。拼接与分割工艺、刺绣钉珠工艺、镶边嵌条工艺、抽褶工艺等作为服装工艺中常见的手法，理解并掌握它们对于服装画的效果体现显得尤为关键（图53）。

图52 裙子造型

图53　服装工艺：（1）拼接；（2）分割；（3）镶边嵌条；（4）抽褶；（5）刺绣钉珠

三、服装款式平面图

　　服装款式平面图即服装平面结构图，它的主要任务是通过以图代文的方式对于服装设计款式具体细节进行详尽的说明与描述，对服装结构工艺特点、装饰细节以及制作流程进作一步细化的补充说明。服装款式平面图画法规整、严谨准确，体现了各部位比例形态与尺寸规格、面料的质感性能等，表达效果十分详尽，形成了具有科学性的图形表达特征，服装款式平面图是服装设计师完成设计意图表达的途径，是服装样板师制板以及工艺师制定生产工艺的重要参考依据，成为有效指导服装厂进行成衣设计生产的重要组成部分。

1. 服装款式平面图绘制步骤

　　服装款式平面图主要可分为三个绘制步骤：轮廓线、内部细节结构线、衣纹线。轮廓线要从整体着手，以简洁单纯、概括有力的方式呈现外轮廓造型的视觉张力特性。内部细节结构线要准确清晰的刻画服装内形设计造型变化，如零部件、装饰线、结构线、图案等，通过肯定有力的线条突显多元化的工艺造型效果。衣纹线表现要注意体现平面或立体化的视觉空间效果，通过曲直、疏密等线条的美感形式彰显面料质感效果。服装款式平面图是设计与生产的依据，应在着重刻画细节特征与位置关系的同时注意不同风格的服装整体与局部的比例关系。

2. 服装款式图的表现形式

服装款式图多为平面图示，一般多以单线的方法表现服装款式与结构特点。除此之外，也可采用线、面结合的立体描绘方式，刻画细致的色调、皱褶、图案、面料质感等，以此增加与丰富服装款式图的视觉效果。服装款式图的表现形式主要有平面展开款式图、模拟人体动态式款式图。

（1）平面展开款式图表现法

平面展开款式图遵循服装比例结构，服装呈现出整体造型对称、规整，细节具体、清晰的特征。在绘制时多借助于直尺、曲线板和圆规等制图工具辅助表现（图54）。

（2）模拟人体动态式款式图表现法

模拟人体动态式款式图表现法是服装平面款式与人体的动态结合。通过这种表现方式不仅可以表达出服装款式的特点，而且也呈现了服装的穿着动态效果，使服装平面款式图的表达更具生动感（图55）。

四、着装表现

着装人体表现是在人体上表现各种服装款式和各种面料的穿着效果。着装表现是一个立体化的过程，重点在于处理好服装与人体的关系。着装人体表现时应注意以下几点：人体选择、服装的合体性、人体支撑点、衣纹与衣褶、服装的结构、服装面料质感及线条描绘。着装人体表现是服装画效果表现的关键一环，它为服装人物形象鲜明的表现增添了魅力并为后续的服装画彩色表达奠定了基础。

1. 着装步骤

着装表现必须要进行周密的考虑，完美地表达出设计意图，一般来讲可从以下几个方面着手：①服装平面图。根据服装设计构思，画出服装的外形、具体结构和细节，呈现服装的风格特点。②人体姿态选择。人休是对服装的支撑，直接关系到服装的展示效果。当构思稿完成以后，应根据服装的特点选择合适人体

图54 平面展开款式图

图 55　模拟人体动态式款式图

姿态，一般可根据服装的种类与服装的设计重点两
种方式进行选择，以此用更好的人体角度刻画着装
人体立体造型（图56）。③画出人体的框架。用概
括的直线描绘出人体比例的基本框架，作画时要注
意人体的比例优美感。④人体动态的细致描绘。以
人体框架为基础，根据人体的主要结构、骨骼和肌
肉的关系，用顺滑的线条表现出人体线条的起伏变
化。此时线条表现不要太重，避免影响到后面的勾
画。⑤服装穿于人体。这一步最为关键。应根据人
体起伏、透视与服装各部位之间的比例关系，用细
致、明确的线条画出服装的外轮廓线与内轮廓结构
线，突出人体的支撑骨点，服装与人体之间的紧贴
与宽松、由于人体运动而产生的服装衣纹线变化等
诸多结构关系。此时，人物造型表现务求准确、细

图 56　人体姿态选择

致，尤其在衣纹线取舍、服装结构线等部位表现不能省略简化，必须十分仔细。⑥服装局部与服饰品。人体着装以后，应再接着描绘服装局部与服饰品细节特点，使它们在视觉上保持与服装整体的干衡关系（图57）。

2. 着装形式

通常依据服装画常用着装规律，可将人体与服装的关系划分为四大类：

（1）紧身服装表现

紧身服装廓型是服装顺应人体曲线形成的轮廓，此类服装最重要的特点是服装贴合人体，外形仅随人体三围尺寸变化，突显人体线条，如紧身背心、内衣、紧身套装等。紧身服装可以是由弹性面料紧贴人体，也可通过面料的立体裁剪方式包缠人体（图58）。

图57 人体着装绘画步骤

图58　紧身服装
女模人体动态为3/4面。整套服装
包缠于人体，胸部高点成为服装
的支撑点，腰围、臀围处服装与
人体贴合紧密，显现了女性曲线
的性感效果。

（2）合体式服装表现

合体式服装是服装与人体之间有一定的
松度，在腰部、臀围、腿部易形成宽松量，
产生衣褶变化。此类服装外形轮廓呈现适体
的造型感，人体动态放松。描绘此类服装时，
应依据人体动势，强调肩部支撑点、肘点等
部位，展现适体效果（图59）。

（3）宽松式服装表现

宽松式服装是服装远离人体的空间较大，
它廓型宽大松散，具有肩宽、胸宽、腰肥、
袖肥等特点，宽松形服装具有中性休闲、放
松的视觉风格特征。宽松式服装廓型表现时
往往取决于不同的支撑方式和受力点作用
（图60）。

图59 合体式服装 服装造型为休闲女装
服装肩部紧贴人体，腰部收缩与人体有一定的
空间。裙装自然合体，随人体动态形成空间。

图60 宽松式服装 服装为女式连衣裙
肩部作为支撑点，由胸部向下形成皱褶，皱褶十分鲜
明，腰部与髋骨附近服装与人体形成了较大的空隙。

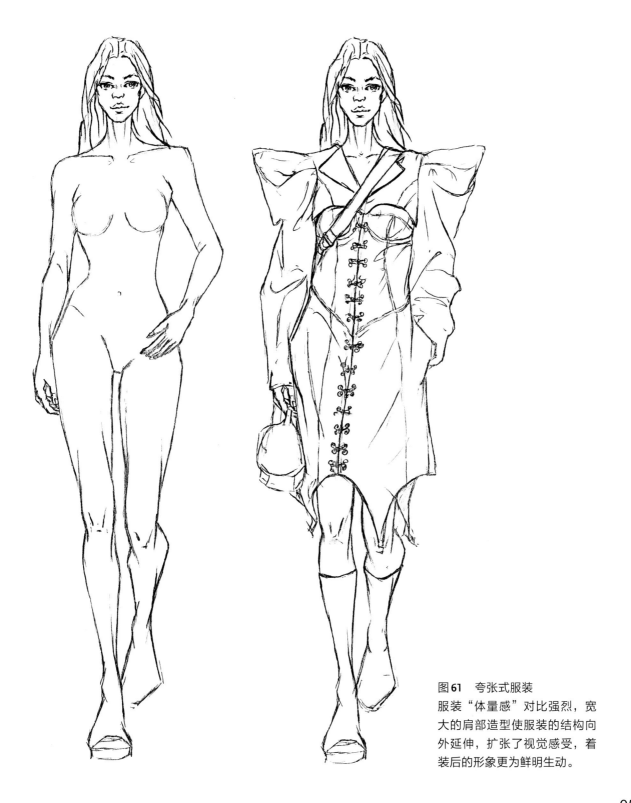

（4）夸张式服装表现

夸张式服装通过夸大服装的廓型和人体的特征，使着装形象得到特别强烈的视觉效果。此类服装人体与服装的空间极大，它不拘泥于人体，讲求服装造型的张扬夸张感，在描绘时应靠肩部、肘部、腕部等主要支撑点撑起服装，突显服装的转折起伏变化与着装形象的空间体积感（图61）。

图61　夸张式服装
服装"体量感"对比强烈，宽大的肩部造型使服装的结构向外延伸，扩张了视觉感受，着装后的形象更为鲜明生动。

五、着装衣褶画法

人体的运动呈现出与服装的贴合关系，形成了自然不固定衣褶线条变化，同时由于服装款式的特点和面料的质地种类众多，形态各异，所产生的褶纹也各不相同。因此，为了更好地表现服装的着衣效果就要认真分清面料的褶纹特征及运动状态下服装与人体的关系，只有抓住了这两点才能将着装表现表达的更清楚。

衣褶线主要受到两个力的作用：一个是重力，一个是人体本身的支撑力。因此，在这两个力的作用下，衣纹大多产生于人体运动较大的肘部、腰部、膝部关节处等较宽松的部位，远离身体部位衣服衣纹线多，贴身部位衣服的衣纹线少，越是厚重的面料褶皱凸起的坡度就会越平滑，粗、松且越小，看起来越整齐，越薄的面料褶皱凸起的坡度就会越陡峭，细、飘且越繁复。但是，无论服装为何种款式和面料，表现时都要从服装款式与人体的关系着眼考虑，在画出其大形和大的比例关系后，再细致描画衣纹线关系。这里特别要指出的是，要学会运用线型的变化，将不同面料的质感特征表达清楚（这一点在后面着重说明），只有真正掌握了用不同线条表现技法的环节，才能为差别化的着装表现奠定基础。

一般来讲，衣纹表现要依据衣纹的变化规律，懂得如何进行取舍、概括和提炼。要以适当的衣纹线表现出着衣效果，但要避免衣纹线与结构线混淆线的不良情况发生。所以衣纹线的表现要宜少不宜多，要根据人体的运动结构与服装款式关系画得明确、肯定。通常我们将衣纹线可归纳为拉纹、绞纹、挤纹，垂纹、飘纹等类型（图62）。衣褶是表现服装面料质感的有效手段。挺爽的面料衣褶干脆且硬朗，柔软的面料衣褶细小而圆润，轻薄面料的衣褶细长且顺畅，厚重面料的衣褶粗厚，数量少。下面例举几种典型面料的服装（图63~图70）。

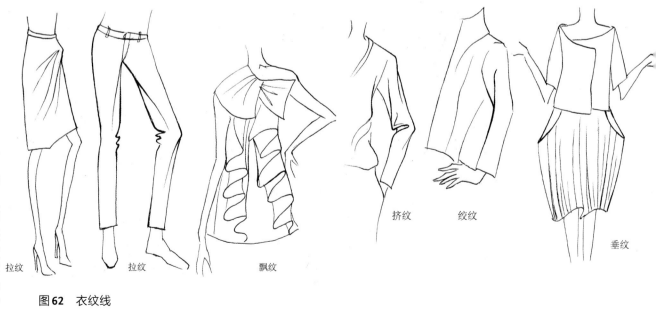

拉纹　　　　　拉纹　　　　飘纹　　　挤纹　　　绞纹　　　　垂纹

图62 衣纹线

图 63　皮革面料

图 65　丝绸面料

图 64　薄纱面料

皮革：此类面料有清晰的体量感，衣褶连贯、间断少，无硬性转折，宜用大且流畅、圆润的线条表现。
丝绸、薄纱面料较为轻薄，悬垂感好，随人体运动产生易产生各种细小的衣褶，宜采用光滑弹性、简练的长
弧线条体现宽松柔软、流动飘逸的效果。

图66　牛仔面料

图67　薄呢面料

图68　裘皮面料

牛仔面料厚实，衣褶短粗、在人体关节活动处衣褶较多，多采用干脆、硬挺的折线线条表现牛仔裤面料厚重，生硬的特点。

薄呢面料衣褶多发于运动关节处，衣褶大且少，表现时应着重体现面料的光洁之感。

裘皮面料人体静止下几乎没有皱褶，运动时有少许粗厚折纹，表现时应着重单线或抖动线条刻画裘皮边缘的毛细文理，体现长、短毛特点。

六、着装线条画法

线条是绘画的基本表现形式与造型的重要手段，画线条也是绘画者不可缺少的基本功之一。线条具有独立的审美特征，线条的轻重、转折、顿挫、快慢等表现方式都呈现出极强的艺术感染力。服装画根植于这些最单纯、最朴素的线条造型语言，又在绘画形式和要求上与它有所区别。服装画线条表现整体概括、简洁清晰，避免线条的堆砌，它以独具个性的线条形式语言集中表现服装的外部造型轮廓及内部结构、人物的动态、面料的质感肌理，以及画面的整体风格为宗旨。在服装画里常常采用以下几种线的表现形式。

1. 均匀线

即线条的粗细相同。均匀线的特点是线条简洁单一，气韵流畅，结构清晰，挺拔有力。因其特点，均匀线在表现时要注意线条均匀、平滑和疏密关系，画较长的线条时，一定要一气呵成。均匀线通常适合表现服装的轮廓、服装的细节及

图69　针织面料

针织面料厚重且柔软，褶皱量不多，褶皱表现不宜画的过密，宜用饱满柔和的曲线、弧线绘制。

图70　羽绒服面料

羽绒服面料光滑，有厚度，褶皱较少，宜用较生硬的线条表现。

轻薄而有韧性的质感面料，如丝绸、雪纺等，使服装造型及画面效果更为直观明确，富有很强的装饰韵味。均匀线一般使用铅笔、钢笔、针管笔、毛笔等较易表现（图71）。

图71　均匀线

图72 粗细线

2. 粗细线

粗细线不同于均匀线，粗与细同时并存。粗细线特点是线条层次丰富，灵动多变，柔中带刚、刚中有柔。粗细线通过粗细均匀的线条对服装造型进行准确勾勒，在线条的虚实变化中实现了强烈的空间立体感，传递出动感、愉悦的情调。粗细线一般较为适合表现厚重挺括、轻薄悬垂感好的服装面料，可采用毛笔、书法钢笔、水彩笔、马克笔等工具加以表现，在运笔时应控制手腕的力度，多用笔锋表现，不拖泥带水，做到粗中有细，细中有粗（图72）。

3. 不规则线

不规则线为借签与吸收中国传统艺术中的石刻、青铜器纹样、写意山水画等用线风格而形成的一种线条艺术。不规则线的特点是线条古拙苍劲、浑厚有力、肌理淳厚，它较为适合表现粗呢、针织及各种外观凹凸的服装效果。不规则线一般采用钢笔、毛笔、油画棒等工具加以表现，在运笔时可应用笔的侧锋，通过手腕的自然抖动形成不规则的线条效果（图73）。

4. 线条的综合表现

着装表现中的线条并不是一种单一的形式存在，它往往会以自身特性为主通过利用与点、面的结合，构造点线面的关系以此综合体现服装穿着效果。线条的综合表现不仅生动的体现了服装的造型特征，而且还增添了整体画面的表现力和美感，产生了强烈的视觉效应。

由此可见，着装表现中的线条形式或流畅、或凝重、或简洁与杂乱，它是体现设计者对服装设计意图和内涵的理解，在表现时应依据服装造型与面料质感的不同熟练而灵活的选择用线形式。线条的表现是服装画表现的基础，它没有严格的公式，但无论采用何种表现方式都离不开画者的长期摸索与实践，只有严格训练，通过大量的练习方能熟练掌握（图74~图77）。

图73 不规则线

图74　线条综合

图75　线条综合

图76　线条综合

图77 线条综合

第五章 服饰配件的表现

　　现代服装是讲究整体搭配美的一种造型形式，服饰配件作为服装设计的一部分，其局部装饰对于突出服装整体着装状态美的表现显得格外重要。除此之外，服饰配件也可作为独立的主体单独表现，成为展现服饰设计风格的一种有效形式。因此，服饰配件在服装画中的作用与地位显而易见，它是服装画中不可或缺的细节创造，其表现的好坏直接影响到服装画的画面效果。常用的服饰配件包括帽子、包袋、领巾、首饰、鞋等服饰品，其具体画法各有不同，学习者需领悟服饰品所附的精神内涵，处理好服饰品与人物的关系，例如有时可淡化处理，有时则需强调处理，把握好表现的尺度。

　　服饰配件种类繁多，除了以上介绍的服饰品还包括雨伞、领巾、鞋袜、发夹、发圈、头箍等，它们充分体现了服务于服装的从属特性，其作用都是为了将服装风格、着装者气质渲染得尽善尽美。同时服饰品附着在人体各部位上，遵循着人体的运动规律与透视原理，在服装画表现中这些特点应不容忽视。

一、帽子的表现

帽子依据造型可分为有沿帽和无沿帽，依据材质可分为软质帽和硬质帽。在描绘帽子时要理解帽子造型与头部的关系，应首先画出头部的形状，然后再找准帽顶、帽身、帽檐等位置及款式特点与材质质感加以刻画，并体现出头戴入帽子中的立体效果，在刻画的同时还应表现由于帽子的戴法而产生角度透视关系，帽子与面部、头发的遮挡贴合空间关系，由帽子的材质而产生的帽子与头部之间的层次厚度关系（图78）。

图78 帽子

二、围巾的表现

围巾通常呈现出包裹于头部，围绕颈部散开披在肩上的状态，穿戴方式多种多样。围巾的描绘应着重处理它与服装互为一体的设计关系，具体刻画时首先要画出头部或肩部的形态，然后再依照头部或肩部形态体现出围巾缠绕于之上的内外层状态，同时刻画出围巾的面料质感、花纹、造型等特点。除此之外，围巾的表现应视其造型的大小变化，可将它的穿着方式作适当的夸张，凸显一种自然生动的气氛。围巾在表现手法上，应尽量用简练流畅的线条与顺滑飘逸笔触等方式来表现（图79）。

三、腰带的表现

腰带又称皮带、裙带，它是一种束于腰间或身体之上起固定衣服和装饰美化作用的服饰品。腰带的特点是种类与材质多样（如有束腰带、草编带、雕花带等），风格多样（如有运动风格、优雅风格、民族风格等），细部考究（如有扣襻、装饰等）。因此，服装画中腰带的绘制应首先突出腰带与人体的结合位置及系扎的方式，高底腰刻画要分明，同时注意腰带轮廓线及透视关系，着重刻画腰带的材质、花纹、线迹、厚度等细部特征，以此达到腰带与服装风格上的整体效果协调，呈现出实用性与装饰性的有机统一（图80）。

图79 围巾

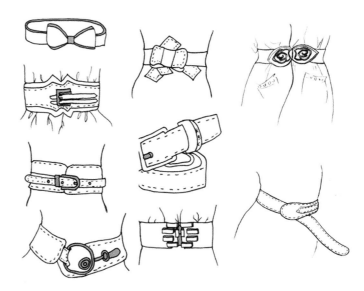

图80 腰带

四、包袋的表现

包袋是服饰品中最常用之物，女性尤为突出。包袋的特点是外形变化丰富，包扣、包带与装饰物等都比较精致。在服装画中包袋表现的重点是应依据服装风格与使用场合，着重体现包袋的轮廓造型与面料质感，无论是精巧的办公小包、休闲的肩挎手袋、还是宽大的双肩背包，都可以先归纳成为一些基础的几何形体，然后再加以细致描绘，从而突出包袋的细节特点（图81）。

五、手套的表现

手套的造型有长短、厚薄等形式，材料有透明、镂空、针织、皮革等，有些还加珠片、刺绣和皮草等装饰。手势对手套造型影响极大。因此，手套的处理应首先注意绘制手的动态结构与透视关系，并在此基础上确定与勾画手套口、手掌、手指的比例与位置，然后对手套的皱褶、质感、花纹等具体形象加以细致描绘。手套的设计绘制常常考虑与服装整体品味协调的处理，并且手套大小要完全按照手的比例造型，不宜大于手形（图82）。

图81　包袋

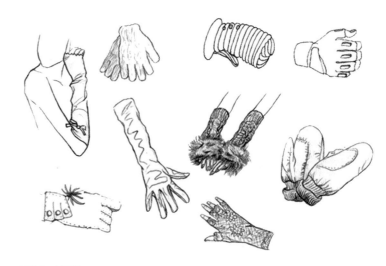

图82　手套

六、首饰的表现

首饰是女性着装搭配中常见的装饰物品。首饰一般包括项链、耳饰、头饰、手链、戒指等，其材料有金属、木材、珠宝、塑料等。首饰在服装画中所占的面积比例较小，但却为服装的效果表现增添了动人的气质。通常首饰的绘制应注意表现其形状、厚度等造型特色与花纹、肌理等材质工艺特色，注重与服装整体的协调和谐。一般首饰的表现可采用较为细致、块面的手笔反映和烘托首饰设计的精良效果。对于某些高感光度的首饰饰品，可用飞白技法或用小刀刮刻法体现其高光效果，避免表现手法的同质化，从而营造某种特殊气氛（图83）。

图83　首饰

七、眼镜的表现

服装画中眼镜体现着人物的个性。眼镜大致可分为不透明镜片和透明眼镜。眼镜的绘制应注意镜框的对称透视性，以及镜片的厚度，表现时应根据镜片的透明度决定眼睛的显现清晰程度，同时镜片的光泽感往往也是表现的重点，可采用飞白法体现镜片的高光效果（图84）。

图84　眼镜

八、鞋子的表现

　　服装画中鞋子的表现常常不可省略，它极大地影响着服装的整体氛围。鞋子的种类众多，造型有长统靴、高帮鞋、低帮鞋、无帮鞋等，材质有皮质、帆布、编织物等软硬材料，并且结合缉线、刺绣、分割、印花、手绘、镂空等装饰工艺形成了各种鞋子的设计风格。鞋子的绘制应首先找准脚的形状和动态，然后再把鞋的款式依附在脚形上进行具体描绘，无论正面、侧面、后面的鞋子造型，都应突显鞋子的穿着透视关系，形成鞋子与脚吻合的结构关系。同时描绘鞋子时还应注重鞋子帮料与底料面料肌理和装饰设计的表现，形成鞋子的细节特点，达到不同风格的鞋子效果表现（图85）。

图85　鞋子

第六章 服装画色彩的表现

　　色彩是服装画表现的重要艺术语言，成为丰富服装画表现效果的重要手段与必要的条件之一。服装画色彩表现方法与工艺美术和绘画的各个种类有所不同，但它们对于色彩规律的把握与理解基本上是共同的，服装画色彩同其它艺术形式一样都是大自然万千色彩视觉与意境心理的反映，它以一种直观、无声的语言呈现着人类丰富多彩的客观世界，表达着人类深邃的精神情感。服装画色彩表现是由个人喜好与历史、文化等各方面系统综合工程影响的交织升化，在实践中创造性的应用色彩形式，对塑造服装人物艺术形象、描绘画面场景、增强作品艺术效果、反映时代文明与社会风貌等都起到重要的作用，并且通过巧妙、夸张的色彩技法运用，能使服装画作品产生更加强烈、深刻的艺术感染力。

一、色彩基础知识

1. 色彩的构成

　　色彩世界五彩缤纷，色彩通常可分为有彩色系和无彩色系两大类。有彩色系是红色、绿色、蓝色等所有带颜色的色彩。无彩色系是黑色、白色、灰色、金色、银色。

2. 色彩的分类

　　原色是指红、黄、蓝最基本的三种色彩，这三种颜色不能由其他颜色调合成。间色是指通过两种原色调合后产生的色彩，例如：红和黄调合成橙色、黄和蓝调合成绿色。复色是指间色与原色或间色与间色之间的调合，例如：橙加蓝调合成黄绿色，绿加红调合成深灰色（图86）。

3. 色彩的属性

　　色彩属性由色相、明度、纯度三大基本要素构成，常称为色彩三属性或三要素。

　　色相是指色彩的相貌，如：大红、靛蓝、土黄等。色相是颜色相互间区别最重要的特征。

　　明度是指色彩明暗变化的属性。在无彩色系中，白色明度最高，黑色明度最低，在白、黑之间存在着一系列的灰色；有彩色系中，任

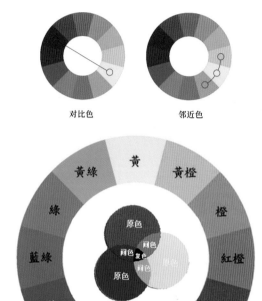

对比色　　　　邻近色

图86　色相环

何一种颜色都有自己的一系列明度变化特征，常通过添加黑色和白色调节明度变化。

　　纯度又称彩度、饱和度，它是指色彩的纯净程度。纯度越高色彩感越艳丽，纯度越低色彩感越深暗。色彩的纯度一般可以通过添加无彩色或其它间色、复色来调节。

4. 色调

　　色调是一种色彩结构的整体印象，是对视觉效果的整体把握。一般有暖色调、冷色调、对比色调等（图87）。

5. 色彩的心理与情感

色彩具有极其微妙的变化特点，并且由个人的经验、思想和人类的社会风俗、自然界的客观规律相互作用而形成特有性格倾向与情感暗示心理。色彩具有识别性、前进和后退，膨胀与收缩、温暖与寒冷、华丽和朴素、兴奋和沉静等视觉特点，这些视觉特点是心理现象的反映，具有共性的特征，成为能够更好的帮助我们诠释作品内涵与美感的最重要手段。

二、服装画色彩

服装画色彩从色彩基本规律出发，依据其自身的特点和要求以直观的色彩视觉形式表达着服装的穿着效果，成为彰显画面艺术魅力的重要环节。①服装画色彩是以表现服装真实色彩的特性为主，大量运用固有色，忽略环境色在服装上的运用。②服装画色彩不仅注重服装本身的色彩搭配完美性，而且还注意画面背景色彩与服装组合产生的整体美感。③色彩赋有鲜明的时代感和时髦性。服装画色彩不仅考虑合理运用色彩配色规律，而且还要考虑到季节、流行的因素，符合大众的认识。

服装画色彩表现十分重要，它能够起到提升商业价值或加强单纯审美的作用。服装画色彩在实际操作环节中常常遵循色彩组合规律，其易受到服装设计的色彩搭配规律影响。因此，服装画在色彩不同面积大小的配合采用、色彩间纯度和明度的变化关系、色彩的位置关系、色彩的层次关系等方面的处

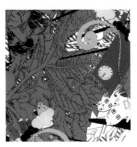

图87　色调

理都要从整体与局部关系考虑，使它们之间达到一种协调的色彩艺术美，进而体现出服装画的设计之美。通常服装画的色彩配置有以下几种基本方法：

1. 无彩色的配置

无彩色是指黑、白、灰、金、银色。这五种色彩具有无色相、无彩度的共同特征，表现时呈现出层次丰富的黑白灰调子变化。无彩色的配置是服装设计中经典流行的色彩组合。服装画采用无彩色的形式绘画，呈现出一种光影的节奏处理从而显现设计特点（图88、图89）。

2.同色相的配置

同色相配置指色相环中60度范围内的色彩配置，如红色系列、蓝色系列等。服装画中，同色相的配置很容易取得质朴协调的色彩情趣，在进行上下内外的组合时，应该注意色彩明度和纯度的层次要处理得当，避免产生呆板而平淡的色彩问题（图90）。

3.邻近色配置

邻近色配置是指色相环中90度范围内的色彩配置，如橙与红、蓝与绿、绿与黄等。邻近色的配置方法给人以温和典雅之感，配置应该注意色彩之间纯度和明度在强弱虚实等方面的层次感关系，富于变化（图91）。

4.对比色配置

对比色配置是指色相环中120~180度范围内的色彩配置，120度为弱对比，180度为强对比，如红与绿、黄与紫，蓝与橙等。对比色配置色彩效果更为强烈，易产生明朗而醒目的效果。服装画中，对比色配置应注意色彩间在面积上的对比关系，色彩的纯度和明度上的对比关系，为避免色彩对比形成的匠气刺目的问题，可适当通过加入黑、白等中间色的方法调节色彩配置效果，使对比效果更具格调之美（图92、图93）。

5.主次色配置

主次色配置主要是通过色彩间的面积

图89　无彩色　司清荣作品

图88　无彩色
明军作品

图90　同色相　白雪作品

图91 邻近色 赵宗英作品

图92 对比色 张丽丽作品　　　　图93 对比色 陶振宇作品

大小、比例的分配与组合，形成主次分明、互相协调的关系，达到理想的画面效果。它通常以一种或两种色彩为主基调，起主导支配作用，另采用其它色彩作为辅色的方式进行设计处理（图94~图96）。

初学者面对成千上万的色彩和众多的色彩组合规律时往往感到无所适从，但是，服装画中色彩的数量及其运用方式相对较少，只要抓

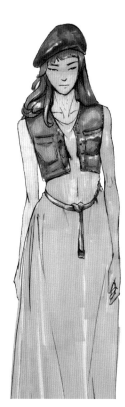

图94 主次色 李海燕作品

图95 主次色
尹腾芳作品

图96 主次色 陶振宇作品

住服装色彩与画面色彩这两大类别的色彩表现的共性与区别，并通过色调环节掌控设计思路，把握色相、明度、纯度、色面积比例、色位置等诸多因素构成服装色彩整体系列关系，就会延伸出更加丰富的色彩效果。众所周知，任何一种颜色都无所谓美或不美，每一种色彩配置都会给人们带来不同的心理感受，色彩的多和少并不决定其审美价值的高低。因此，无论色彩美丑，隐藏在五彩斑斓色彩背后的一些色彩配置方式需要服装画学习者细细揣摩。

三、服装画色彩借鉴

服装画色彩创作是一个复杂的积累过程。它是色彩规律内容的形象反映，而且更是历史、文化、艺术、宗教、风俗、社会等各个方面共同作用的有效演绎。所以说，我们从更加宽泛的视角审视这些由色彩共同作用有效演绎而形成的服装画色彩创作素材，多方面探究服装画色彩创作灵感来源作为借鉴与吸收的基础切入点，将会对于丰富服装画色彩创作形式，直至对服装画效果的本质与生动体现都具有一定的现实作用。通常服装画色彩借鉴可以从以下几个方面着手：服装作品的借鉴、设计灵感图的借鉴、配色手册的借鉴、传统配色的借鉴等。

1. 服装作品的借鉴

服装作品的色彩经历了时间与市场的考验，拥有了人们的审美共识，是相对优质的学习范例。它的借鉴可以分为两个途径，一是传统服饰配色，二是服装设计大师作品配色。传统服饰配色是在历代岁月的传承与发展过程中由不同的地域文化汇聚形成的智慧结晶。它们的用色方式丰富多样，代表了一个个时代人们的思维方式和社会风尚，是极其丰厚的服饰文化财富（图97、图98）。服装设计大师作品配色是设计师自身长期积累的配色方法与配色经验的总结，饱受人们的喜爱，并且这些设计作品也从不同程度代表着时尚服饰趋势配色的导向，具有标识性（图99~图101）。总之，服装作品的色彩都能够成为服装画色彩借鉴的来源，在服装画创作中勿死记硬背所有的配色方案，应仔细揣摩并将这些规律灵活运用。

2. 设计灵感图的借鉴

设计灵感图风格多样，范围广泛，它为我们提供了丰富的设计理念与创意启示，也成为我们在服装画中汲取色彩配置方式最常见的方法之一。设计灵感图的色彩借鉴可以分为两个途径，一是文化艺术类灵感图配色，二是自然生活类灵感图配色。文化艺术类灵感图配色是绘画作品、民俗工艺、设计作品等不同领域各自色彩的魅力展现，灵感来源丰富而深邃（图102~图103）。自然生活类灵感图配色是大自然与生活细节的色彩反映，诸多不同地域的风情、环境气候、街角涂鸦等都成为激发创作灵感的丰富素材（图104~图106）。在服装画中设计灵感图的选择关键在于与其所表现的主旨风格相符。设计灵感图色彩复杂，当我们面对它时不应只简单地取色用色，而是应该从感性与理性的角度对其用色方式进行分析、梳理、总结，进而适合服装画色彩的表现要求。

图97　传统服饰配色
作品选取齐鲁传统刺绣配色方式。
作品以浅蓝、亮白为主导色，其它
的浅绿、粉色、紫色等作为辅助色
使用，服装呈现出清新、淡雅的质
感效果。

图98　传统服饰配色
作品选取山西传统刺绣配色方式。
作品以大红色、浅粉占据整套服装
的大部分，其它的黄绿、中黄等作
为辅助点缀色使用，服装呈现出浓
厚的民族韵味。

图99 服装设计大师作品配色
作品以灰紫色、奶白为整套服
装的主导色，艳紫、灰黄等作
为辅助色，细节处黑色勾画增
加了配色的沉稳感。

图100 服装设计大师作品
配色
作品作品主色调为黄绿色协
调搭配，其余蓝绿、灰绿等
作为辅助配色，整套服装色
调艳丽，颇具青春之气。

图101 服装设计大师作品配色
作品作品主色调为黄紫色对比
搭配，浅蓝、深红等作为细节
点缀，整套服装通过色彩明度
与纯度的统一，达到了和谐的
效果。

图102　文化艺术类灵感图配色
服装作品以艺术作品为灵感图。
服装作品以土红、灰黄为主导
色，其它的深蓝、土黄、灰蓝色
等作为辅助色使用，呈现出深邃
的色彩意境，配色达到了与服装
风格的统一。

图103　文化艺术类灵感图配色
作品选取科技产品为灵感图。作
品主色调为灰蓝色与浅黄色对比
搭配，深红、天蓝等作为细节点
缀，整套服装用色极具现代气息。

图104 自然生活类灵感图配色
作品选取自然风光为灵感图。作品
以明亮的浅橘黄为主色调，深紫、
土红等作为细节点缀，色调表现赋
予了服装自然灵动的风格情致。

图105 自然生活类灵感图配色
作品选取室内陈设为灵感图。作品
用色沉稳，充满了典雅的气息，色
调突出了与服装风格的对比效果，
富有趣味性。

图106 自然生活类灵感图配色
作品选取高山岩石为灵感图。作
品以鲜艳的明黄为主色调，黄绿、
翠绿等用色所占比例适当，色调
充满了生命的气息，彰显了与服
装风格的协调效果。

3. 配色手册的借鉴

　　色彩借鉴的另外一个重要方式是配色手册的借鉴。配色手册为我们提供了丰富的色彩配色方案，它具体、直观而成熟。常用配色手册的借鉴可以分为两个途径，一是实用配色手册，二是传统配色惯例。实用配色手册是色彩趋势形象预测的同步方案与某一设计领域制作配色方案的集合，这些不同的配色方案对应着不同的视觉效果和心理感受，配色意味浓厚（图107、图108）。传统配色惯例是不同地域、不同风俗的人群所形成

图107　实用配色手册
作品为2012春夏男装流行色（烙印）的运用。作品通过融合男装流行色系的配置，以大面积暗淡的红紫色与深沉的灰色铺满整个服装，诠释了女装风格的岁月烙印。

图108　实用配色手册
作品是专业印刷色色系的运用。作品大面积使用系列蓝色与艳红色的撞色对比，形成了色调的节奏感，女装印象张力十足。

的色彩喜好，色彩特色充满着人文主义气息和鲜明的民俗性格。例如，中国人喜欢使用红色，非洲人习惯使用明艳的植物色彩等。

总之，配色手册的借鉴极大满足了各种不同风格的服装画创作，使画面色彩更加灵活生动，富有理性与成熟的特征（图109）。

图109　传统配色惯例　刘一繁作品
作品应用了中国传统用色惯例，作品选取大红色与黑色的色调搭配，服装呈现出现代与传统相互融合的中国味道。

四、服装画的上色技法

服装画上色方式很多，它是画者灵感创意的具体体现。服装画上色方式与选择的工具有很大关系，各种不同工具的灵活应用，能够形成截然不同的画面风格。本节将会从三个方面讲述服装画上色技法，一是常用工具的上色表现，二是特殊技法（剪贴法、色纸法、撇丝法等）的上色表现，三是综合技法（钢笔淡彩、马克笔＋油画棒等）的上色表现。

1. 着色过程

①拷贝画稿。②涂肤色，涂头发色，渲染脸颊腮红，画眼妆，画口红，画头发深暗部。③用毛笔勾画整体轮廓。④套装上衣着色、裤子着色、衬衣着色。⑤用同类深色画上衣、裤子、衬衣。⑥鞋子着色，画衬衣纹样、手帕花边纹样、深色腰带。⑦画整体浓重的地方，调整、勾线。⑧整体调整（图110~图111）。

图110　着色过程一

图111 着色过程二

2. 常用工具的上色表现

常用工具的上色表现一般包括水彩、水粉、彩色铅笔、马克笔、油画棒等，它们是服装画最基本、最广泛的表现方式。

1）服装整体的上色表现

（1）水粉技法

水粉具有不透明、覆盖力强、易于反复修改深入刻画的优点，不足之处为色彩的鲜艳度较差，存在湿时深、干时浅的色彩差异现象。水粉色彩变化丰富，它是表现毛织物、裘皮、棉、丝绸等面料效果较为适合的工具之一。通常水粉以薄画法（水多，颜料少）和厚画法（水少，颜料多）表现为主，其在具体的绘制过程中，应首先描绘中间调子，然后再根据个人的习惯可以从暗部画到亮部或从亮部画到暗部进行细致描绘，通常在一张画面中，薄画法与厚画法可混合使用（图112~图113）。

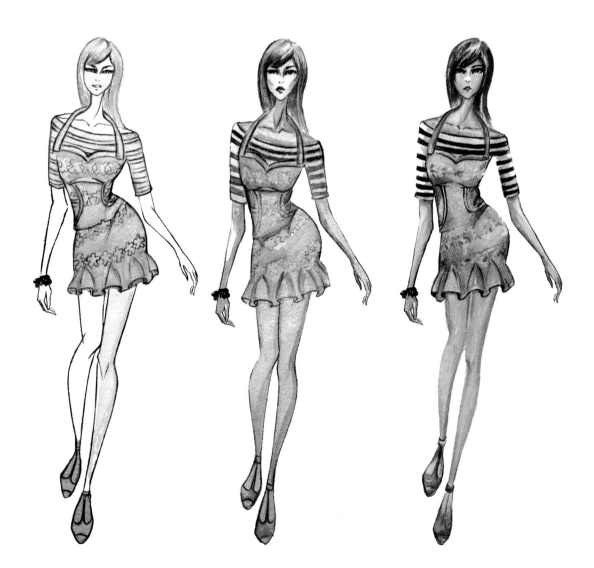

图112　水粉技法
作品把握光线形成的阴影变化，以中间色调、亮部、暗部的关系理解为基础，铺出服装大色调及肤色、头发色、配件等部位，同时注意留白，在刻画衣纹效果时应用了水粉反复叠加的性能（涂色时一定要在下层干透时进行下一步的涂色），使画面效果丰富也具体。

图113　水粉技法

（2）水彩技法

水彩颜料具有湿润、透明、亮丽、无覆盖力的特点。水彩技法最显著的特征是对于水分的调和运用，通过水分的控制，能够形成浓、淡、干、湿的细腻表现效果，它最适宜表现丝绸、薄纱等薄型面料的飘逸效果。水彩技法强调简洁性、鲜明性，一般采用薄画法（不讲究多次覆盖）、干画法，并结合生动灵活的勾线加以表现。水彩薄画法是上色时最主要的表现方式，它在落笔时应对笔、色、水和纸间的相互关系考虑周密，把握好色彩的边界、笔触、阴影、水渍肌理变化、上色时间上的衔接，适当留白，透气感的体现。具体绘制时，可先大面积渲染，并以湿叠、湿接、干接等手法，由浅入深，层层递进，用饱满的水分与颜色的混合使画面具有晶莹透明、色调清新、飘逸轻快的效果。水彩干画法类似于水粉画的效果，它是颜色的多次覆盖，通常是第一遍色干后加上第二遍色，第二遍色干后再加第三遍色，直至完成，这里需强调的是随着上色次数的增加，笔尖含水量要逐步减少，含色量要逐步饱满。勾线是水彩薄画法较为关键的一步。线条表现时应根据人物造型特征来运笔，用线时要主次分明、干净利落（图114、图115）。

图114　水彩技法
水彩薄画法表现晶莹剔透、酣畅淋漓，服装形成了清晰、细致的效果表现，丝绸质感传达十分准确与生动。

图115　水彩技法

（3）彩色铅笔技法

　　彩色铅笔是服装画效果快速表现的最佳工具之一，对于初学者尤为适合。它具有携带方便、色彩丰富、笔触细腻、容易控制的优点，不足之处是色彩略显暗淡，丰富性欠佳，不宜大面积上色。彩色铅笔有两种，一种是普通彩铅，另一种是水溶性彩铅。它们的基本着色方式有两种：一是单色渐变，以某一种颜色涂画通过手部用力大小程度控制色彩的深浅，色彩具有渐变柔和的效果。二是混色技法，两种或两种以上的彩铅，通过相互间排线交叉混色，混色部分形成复合色彩，但在混色时勿次数过多，不然会导致脏乱的毛病。这两种着色方式可单独使用，也可结合使用，在描绘时应注意彩铅的笔尖粗细，排线的方式及画纸的肌理。对于水溶性彩铅来说更应注意水分的应用，选择吸水性较强的专业画纸。彩色铅笔表现法以素描规律为基础，运笔用色讲究明暗虚实、层次关系，使画面细腻逼真，特别适合表现写实风格，对于毛衣类、粗纺毛织物类的服装面料质感、人物妆容都能刻画的十分到位，并且它与其他工具综合应用表现会产生丰富的艺术效果（图116、图117）。

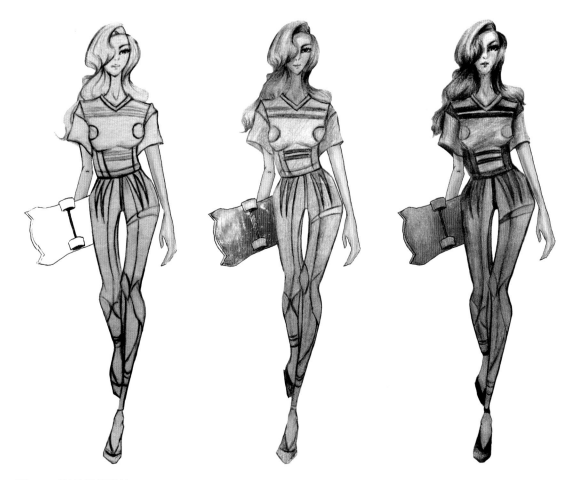

图116　彩色铅笔技法
作品强调彩色铅笔的混色效果。通过轻重、方向交错排线，既形成了轻松的笔触，自然的色彩交织，也使服装更加立体，达到令人满意的效果。

图117　彩色铅笔混色技法

（4）马克笔技法

马克笔是绘制彩色服装画最快捷的一种常用工具之一，充满着现代艺术气息。它具有用笔简单、色彩透明、线条洒脱等优点，不足之处是色彩的选择有限、色彩与色彩间过渡稍显生硬、笔触难以修改。马克笔多采用水性马克笔，上色时注意充分使落笔丰富而有序、干脆果断，不宜停顿，一气呵成，勿太多拘泥于细节的表现，并适当注意高光与留白，如遇阴影和图案表现，待颜色干了之后方可进行。另外，马克笔笔尖形状不同亦会产生不同的线条，形成笔触间较大的排线空隙和排线密集而产生的色块。因此，粗头笔侧重于大效果的描绘，细头笔侧重于细节刻画。马克笔有类似于水彩透明的效果，但上色不宜多次调混，反复修改，多次使用易使画面干燥、混乱，它较为适于表现抽象、简洁的画风和精纺类等一些较硬挺的面料（图118、图119）。

图118　马克笔技法
作品用马克笔干脆轻快的笔触准确细致地勾画出服装及人物的造型，画面色彩极具主观的情趣味道。

图119 马克笔技法

（5）油画棒技法

　　油画棒属于油性材料，其具有厚腻、覆盖力较强的优点，不足之处为表现力不够细腻，容易脱落。油画棒上色通常以夸张、豪放笔法强化与渲染画面的整体效果，而对于局部小部件刻画分量较少。油画棒在实际上色操作中应注重光影、肌理、层次等色彩变化，可用线条勾勒，也可削成粉末进行松紧有致的涂画，而且与其他工具结合使用画面效果更具和谐统一性，产生奇妙斑斓的情趣。油画棒上色技法能够呈现出丰富的肌理感、装饰感色彩效果，适于表现粗纺、毛呢、编织类等（图120、图121）。

图120　油画棒技法
作品用线流畅，涂色洒脱厚重，色与色的衔接细腻而丰富，取得了分明的立体光影效果，有效地表现出服装整体的色彩关系与面料肌理的效果。

图121　油画棒技法

2）头部妆容与发型的上色表现

服装画表现不仅要注意人物整体服装的上色方法，而且还要着重考虑人物头部形象的上色特点，并将其作为表现重点，进而达到与服装画画面效果的统一。实践可知，人物头部表现效果是视线的焦点，它在一幅优秀的服装画作品中能够起到画龙点睛的作用。一般人物头部上色表现主要可以从两方面进行考虑，一是脸部妆容，二是发型。

（1）脸部妆容

上色表现时应着重眼妆、唇妆、肤色效果与服装形成和谐的搭配感觉，如艳丽的妆容，清新淡雅的妆容等（图122）。

图122 脸部妆容

图123 发型

（2）发型

　　发型的上色表现可以分为短发、长发、卷发、盘发等种类，工具选择应多样化，但要把握两个基本要点：①头发的体积感，勿显沉重之感。②头发与肩颈之间的结合方式（图123、图124）。

图124 发型

2. 特殊技法的上色表现

（1）平涂法

平涂法是采用色块均匀平铺上色达到画面匀称平整的一种绘画方式，它通常不要求色彩浓淡变化，具有强烈的装饰气氛。平涂法有两种：一是勾线平涂，二是无线平涂。勾线平涂是平涂法中最典型的形式，它通过平涂与线之间的相互结合，在色块的外围用线进行勾勒、组织形象，常常根据需要适当留飞白，体现光感效果，色块之上叠加如点、线等装饰以此增强装饰性。无线平涂是省略勾线，利用色块在色相、明度、纯度关系的对比变化组织形象。平涂法适合于大面积涂色，纸张应平整地裱糊在画板上，根据画面尺寸大小选用画笔型号与种类，颜料与水的比例适中并充分均匀混合（色块过稀与过稠都会产生色彩不均匀的现象），色块每一笔之间涂画方向顺序要一致，不可横竖乱涂，都应在趁湿的状态下进行有规律地衔接，始终保持一笔一笔逐渐推移（用力过大或不及时趁湿衔接，都会出现着色不匀的现象）。平涂法一般多采用具有一定覆盖力的水粉颜料上色，适合于画面背景与中厚、厚重服装面料的表现（图125、图126）。

图125 王建梅作品

图126 陆雪作品

（2）晕染法

晕染法是从中国工笔画技法中吸取而来的一种服装画技法，它采用两支毛笔交替进行敷色，一支笔敷色，一支笔沾清水在纸上由深至浅均匀多次染色，其线条粗细浓淡变化不大，色彩效果细腻而自然，具有丰富的层次感和装饰意味。晕染法一般多采用水彩、国画颜料上色，适合于服装画中的人物、薄性与光泽等面料质感表现（图127）。

图127　周方宁作品

（3）笔触法

笔触法是利用笔触形态彰显画面色彩痕迹的一种表现技法，具有强烈的塑造性和生动性效果。它常常表现为笔触痕迹清晰，笔法变化多样，有点、有线、有方、有拧等笔法。在绘画时应根据人物造型结构与特点使笔触处理体现出随意、放松的效果。笔触法一般多采用水粉、马克笔、油画棒上色，适合于表现牛仔、针织等硬挺或厚重柔软的面料（图128、图129）。

图128　康振刚作品　　　　　　　图129　喻广作品

（4）剪贴法

剪贴法主要是直接利用布料、报刊、树叶、色纸等材料，根据设计意图进行拼接、粘贴的一种服装画技法。剪贴法讲究材质的对比和造型上的灵巧配合，巧妙地利用这种技法能够使画面凹凸立体，具有材质和意象之美，可达到一些奇特新颖的效果，给人以真实强烈的直观印象。剪贴法操作简易方便，视觉效果良好，它可用在服装广告、服装流行趋势预测等形式表达之中（图130、图131）。

图130　吴彩虹作品　　　　图131　郭珊作品

（5）拓印法

拓印法是将蘸有色彩的棉
花、海绵、布等各种软硬材
料，经过处理形成一定形状后
涂压在画面上的一种表现方
法。拓印法由于采用不同的拓
印物体，可形成逼真写实的肌
理效果与稚拙质朴的造型风
格，画面效果极为丰富多彩。
在实际操作时，拓印物体材料
要蘸色饱满，涂抹要均匀，在
对边缘及细小部位等可结合笔
绘稍加处理，体现精致效果。
拓印法适合于表现画面背景及
蓬松轻盈与挺括坚硬的面料效
果图（图132）。

图132　唐月华作品

（6）色纸法

色纸法即在彩色的纸上作画，它是综合利用色纸与颜料的结合特性达到设计意图表达的一种绘画方式。色纸法简洁生动，常常能够带来一些意想不到的效果。色纸法的表现特点是其有针对性的选择色纸，使色纸效果与表现对象在基调达到接近或对比状态。色纸法表现注重造型结构，明暗调子，画法力求概括，勿过细过繁。一般可借用色纸底色，将其作为服装的中间色调，并通过涂色遮盖色纸形成暗部，用白色提亮作为服装的亮部。色纸法作画容易统一色调，作画时应摆脱色纸的束缚，依据纸色"因势利导"随色应变。色纸法绘画颜料可选择水彩、水粉、粉笔及油画棒等，其尤为适合于表现透明面料效果（图133、图134）。

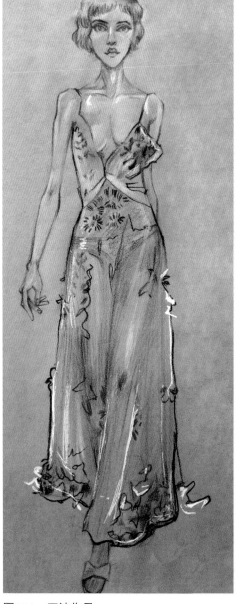

图133　王小翠作品　　　　　　　　图134　王洁作品

图135　张霞作品　　　图136　王小丹作品

（7）电脑法

　　电脑法是指应用电脑软件进行服装画艺术设计的一种表现方法。这种方法加快了作画的速度，提高了设计绘画的质量，为绘画者提供一个更为广阔的创作空间。常用的电脑软件可分为通用软件，如Photoshop、CoreDraw、Painter等和专业服装CAD软件，如富怡、智尊宝纺等。电脑法是创意与技术的高效优势互补，极富艺术创造力和感染力（图135、图136）。

（8）撇丝法

它是从中国画、染织图案设计中吸收过来的一种技法。采用先将毛笔蘸色，然后将笔锋压扁撇开，作一定方向涂扫，可形成圆润、饱满等不规则的排线效果。撇丝法运笔柔顺、随意，层次衔接自然，适合于表现裘皮及丝状物等面料质感（图137）。

图137 赵化统作品

（9）刮刻法

它是指采用某种硬物、尖状物等材料刻划画面而产生的一种表现技法。刮刻法可产生一般笔触难以达到的审美效果，可以在画纸与颜料上运用此法。在画纸上表现时具有光影般的视觉效果，应注意选择有色卡纸，需考虑刮刻的深度与纸张的厚度关系，避免刻穿纸张。在颜料上表现时应注意颜料选择以水粉为主，应在颜料半湿未干的时候进行，要注意色彩厚薄关系。刮刻法能够留下随意多变的粗细痕迹，较为适合于蓬松、厚实的裘皮等面料质感的表现（图138）。

图138　张建作品

（10）喷洒法

    它是指以喷笔、毛笔、海绵等工具调和颜料喷制在画面上的一种表现方法。它包括两种方式：一种为喷绘法，另一种为洒色法。喷绘法能够形成逼真、细腻与均匀的色彩变化，达到一种神秘的效果。洒色法能够达到一种不规则的肌理效果和推移渐变效果。喷洒法操作时要注意喷洒的轻重缓急关系，它适合表现透明的轻薄面料、厚实的毛呢面料、写实风格和烘托背景气氛(图139、图140)。

图139　陈玺冰作品

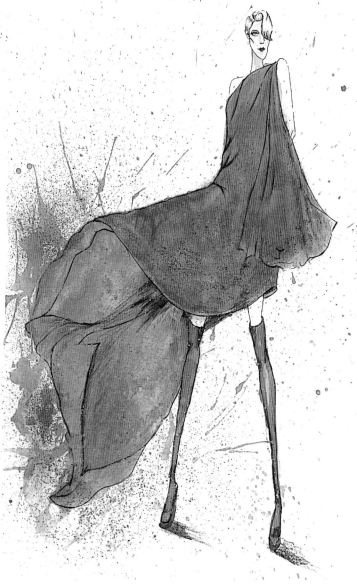

图140　李孟涵作品

（11）摩擦法

它是指以枯笔、布料、砂纸、牙刷等粗糙工具，敷上少许颜料，摩擦画面由此而产生的一种表现技法。摩擦法可以形成朦胧、陈旧、粗犷等诸多痕迹效果，给人以强烈的视觉感受，它适合表现牛仔、绸缎、裘皮等面料质感效果(图141)。

图141　赵凤姣作品

（12）阻染法

它是指利用颜料中油性颜料（油画棒、蜡笔等）与水性颜料（水粉色、水彩色等）相互不融的特性，以一种颜料作纹理，另一种颜料附着其上，由此产生两种颜料的分离。阻染法适合于表现深底浅色面料的处理，如蓝印花布、蜡染面料以及镂空面料等（图142、图143)。

图142　魏霞作品

图143　黄雅作品

图144 朱梦丹作品

（13）折皱法

它是指在揉皱过的纸上敷色作画由此而产生的一种表现技法。折皱法以随意的手法揉皱会产生不规则的折痕肌理效果，在运笔时笔触飘动起伏、时畅时涩，极富拙朴之趣。折皱法较为适合表现结构松散的特殊面料和背景肌理效果（图144）。

（14）撒盐法

　　它是指在未干的颜色画纸上撒入颗粒较粗的干盐由此而产生的一种表现方法。由于干盐具有吸水作用，待画纸干后，盐的周围便会留下类似于雪花效果的肌理图案。干盐可在画纸上保留，也可擦去，均可以得到不同效果。撒盐法较宜表现印花、扎染服装效果，也可作为烘托画面氛围之用（图145）。

图145　任珈作品

图146 赵莉莉作品

（15）酒精法

它是指在附着颜料的画纸上滴入酒精由此而产生的一种表现方法。由于酒精滴入到画面的位置、分量不同，可以形成随机的扩散变化，形成丰富的层次纹理。酒精法尤为适合表现印花薄性面料(图146、图147)。

图147 李佳妮作品

图148　张潇文作品

（16）胶水法

　　它是指在颜料中参杂胶水混合后表现在
画纸上的一种方法。胶水法应用到画面上可
以形成更为清晰的笔触，得到更为响亮厚实
的色彩。胶水法中颜料多选择水粉，并且颜
料和胶水比重应不同，切勿加入过量胶水影
响运笔。胶水法尤为适合表现皮革、裘皮等
厚光亮面料肌理（图148、图149）。

图149　曹姝婷作品

服装画的特殊表现技法有很多，例如将流动的色彩印入画中的流彩法；运用刮笔转印图案到画面上的转印法；由于外力作用下将画面挤出立体效果的凹凸法；利用现有资料，进行多次复印、剪接的复印法等诸多形式，这些技法应用较为广泛，它不仅丰富了服装画的表现形式，而且也给服装画的发展注入了活力(图150、图151)。

图150　崔振宇作品

图151　吴润昕作品

3.综合技法的上色应用

服装画表现时有时往往单纯地用一种方法绘制可能会造成不尽如人意的情况。因此，我们可采用综合技法的表现方式。所谓综合表现技法，就是它不拘泥使用一种工具来完成创作，而是将两种或两种以上的各种表现手法有机地糅为一体，混合使用，以求得一种相得益彰的表现效果。这种方法不仅进一步强化了服装画美感效果，而且还使其表现形式和艺术语言更具创造性。综合表现技法应用时要注意两点：一是要依据各种工具与材料的特性，优化组合。二是要注意人体、服装、背景之间的相互关系。常用的综合表现法有：

（1）彩色铅笔水彩法

采用彩色铅笔加水彩法，画法容易把握，能较好的表现出丝绸服装的飘逸细滑的生动效果（图152、图153）。

图152　赵正阳作品

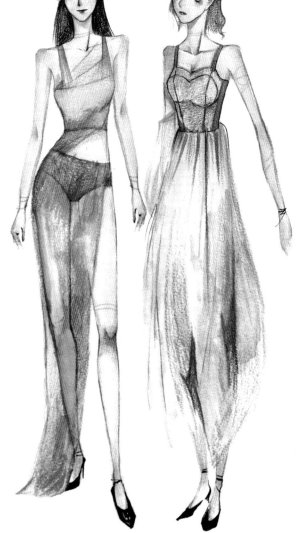

图153　祝梦茹作品

（2）钢笔水彩法

淡彩渲染上色，钢笔线条勾勒，在线条与色彩的搭配表现中形成简洁干脆的画面效果，最大限度地表现出服装轻薄的感觉（图154）。

（3）油画棒水粉法

　　水粉的水性与油画棒的油性结合，形象的描绘出服装质感特征，使画面效果更加突出（图155）。

图155　朱可心作品

（4）马克笔常用结合技法

　　直率的麦克笔、鲜亮水彩与柔美的彩铅结合应用，形成了笔触分明、层次清晰、细节详尽的服装效果，很好的体现出兼具挺括与柔美之感的现代服装魅力。

　　如：①马克笔、水彩与彩色铅笔法（图156、图157）；②马克笔与针管笔法等（图158、图159）

图156　杨礼奥作品

图157 宋新锐作品

图158 马子豪作品

图159 周国华作品

第七章 服装画面料质感的表现

质感是指服装面料的肌理状态，它是服装画的重要表现内容之一。只有准确地表现出不同的服装面料质感特征，才能有助于实现工艺师对服装整体设计的把握，更好地区分服装类别，展现出服装画的风格及美的意蕴。服装面料质感不同，表现手法也各不相同，但仍有一定的规律可循，其面料的衣纹光泽、厚度、肌理等外观特征与工具材料等因素，都是彰显不同面料表现效果的有效手段。服装面料质感肌理在服装画表现中发挥着重要作用，服装画要想取得良好的效果，必须恰当的运用各种技法表现出区别与其他面料特质的服装面料肌理效果，使面料特点与服装造型、艺术风格完美结合，相得益彰。

常用服装面料包括：针织面料、毛呢面料、皮革面料、裘皮面料、丝绸面料、牛仔面料以及棉衣、羽绒类面料等。

服装画透过面料表现在方寸间显露了服装的外貌形态，赋予了服装动人的视觉特点，通常在表现时也未必需要与现实中的面料非常逼真，可作笼统表现，只要达到主体形象感的突出效果即可。服装画面料质感的表现往往具有一定的难度，初学者应进行反复学习与实践，才能收到好的表现效果（图160~图162）。

图160 闫慧作品

图161 刘亚茹作品

图162 马子豪作品

图163 吕新丽作品

一、针织面料的表现

　　针织面料具有良好的弹性与伸缩性能，且手感柔软，穿着舒适。针织面料形态有很多，一类是细针织物，薄且富有弹性；另一类是粗针编织物，表现有凹凸效果，线粗且

风格粗犷。一般针织面料表现主要是以突出表面花纹纹理变化为重点，并集合衣纹、罗纹、松垮的外轮廓等方面塑造完成表现效果，可选用明暗调子法、平涂上色法、淡彩技法、彩色铅笔、油画棒、摩擦法、转印法等技法表现（图163）。

二、牛仔面料的表现

牛仔面料厚实而硬挺，纹路清晰，给人以粗犷、豪放的感觉，如经典的蓝色石磨牛仔布、色织牛仔布等。一般牛仔面料主要是以突出缝纫线迹、衣纹、纹路肌理等方面完成表现效果，如衣纹短粗、线条硬朗，以简练的折线表现，展现牛仔磨旧纹理效果。通常表现方法：干画法、涂抹干擦法，彩铅勾线法等（图164、图165）。

图164　姜志艳作品

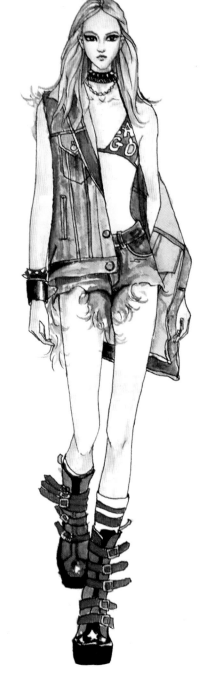

图165　张霞辉作品

三、丝纱面料的表现

丝绸面料具有柔软、轻薄、光泽好、悬垂性强、色泽鲜艳而稳重等特性，常以突显面料的高光和反光来体现质感效果。薄纱面料兼具软纱与硬纱两种性能，质地透明，常用透出底色的方式来表现质感效果。主要表现方法：①衣纹与线条勾画流畅，切忌反复涂抹。②表现其柔和光泽之感，明暗反差不大，在高光处留白。③薄纱突出透明效果：可先用肉色将皮肤色画出，待完全干后，再用透明色画出面料。④表现方法：水彩法、晕染法、喷洒法等（图166~图168）。

图166 王虹艳作品

图167 郑博宁作品

图168 张丽丽作品

图169 黄锐作品

图170 周亚茹作品

四、皮革面料的表现

皮革面料主要特征为质地厚实、光滑、柔软、富有弹性，一般主要是以光泽感、反光、衣纹、线迹等方面的塑造完成表现效果，如光泽感通过体积的凹凸明暗对比，留出较多空白达到光亮效果，衣纹注意衣纹线条的力度，并呈现连贯顺畅的状态等。表现方法：水彩法、水墨法、胶水法、省略法、素描法等（图169、图170）。

五、裘皮面料的表现

裘皮面料具有蓬松、无硬性转折、体积感强等特点，给人以绒毛的感觉，基本上可以分为长毛裘皮、短毛裘皮。裘皮面料主要是以突出体积感、皮毛层次变化为重点的塑造完成表现效果，一般常用的表现方式有两种，一种是可先置中间色做底色平涂，而后顺其纹理逐层提亮和加重；二是先选择清水润湿整个画面，趁纸张未干时，深浅上色涂画出结构特征。表现要点：①毛绒边缘方向不能画颠倒。②在凹陷和背光的位置毛的线条表现画得紧密些，突出和受光的位置毛的线条画得稀疏些，以此表现立体层次感。③表现方法：水粉干画法、撇丝法、磨擦法、刮割法、胶水法等（图171、图172）。

图171　章晓晗作品　　　　　　图172　张玉秀作品

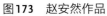
图173　赵安然作品

图174　郭丽丽作品

六、填充面料的表现

填充面料是用羽毛、棉等材料作为填充物而制成的面料，它具有蓬大、松软等特点。一般主要是以泡鼓、绗缝、光泽、衣纹等方面的塑造完成表现效果，其表现要点：①外轮廓线条简练与浑圆，衣纹尽量减少复杂细小的变化。②泡鼓状态：注意透视变化，刻画凸起泡鼓色调的柔和渐变效果。③表现方法：淡彩法、水粉厚画法、马克笔等（图173、图174）。

七、图案面料的表现

图案是服装画整体表现的一部分，将图案与服装有效地结合会使可视形象极具个性特征。服饰图案包括：迷彩纹样、条格纹样、花卉纹样、动物纹样等，其表现技法多种多样，一般主要是以配色、花型和在服装中的位置关系等方面的塑造完成表现效果，其表现要点：①图案表现应与服装画的整体风格协调。②图案表现应与人体结构和比例相吻合，也可作简单、省略处理。③图案表现要符合面料的起伏规律。

花卉图案包括清地图案（图案面积小，底色面积较大）、混地图案（图案面积与底色面积大致相等）、满地图案（图案面积远远大于或完全占满底色面积），花卉图案主要应体现出花卉生动的色彩意蕴和造型风格。

条格图案。条格图案历史久远，如经典的苏格兰格纹、海军条等图案。条格纹有横条纹、直条纹、方格纹等，主要依靠色彩配置，线条的宽窄、疏密产生丰富的变化效果，一般可采用水彩法、马克笔、油画棒等技法表现。

动物图案。在当今环保风的吹动下，动物纹被常常引到服装中，这也成为服装画表达的重点，例如豹纹、斑马纹等。动物纹可通过主观夸张的手法强化色彩造型特质，如可绘制彩色豹纹、变异斑马纹、异域皮纹，并采用高亮度彩色（图175~图179）。

图175　杨溢蓬作品　　　　图176　杜娟作品　　　　图177　杜娟作品

图178　吕新丽作品

图179　丁子雅作品

八、毛呢面料的表现

　　毛呢是由纯毛、毛棉混纺织物而制成的面料，是秋冬装的主要服用面料。它可分为精纺和粗纺两大类。精纺质地柔和，手感细腻舒适，高雅挺括；粗纺表面粗糙不平，色彩沉稳，混色效果。一般来讲，毛呢表现时应注意：①笔法：精纺细腻、粗纺粗糙。②色彩：精纺纯正，多以复色为主；粗纺深沉，多用混合配色。③线条：精纺圆润直挺、粗细变化分明；粗纺粗犷，粗细变化适中。④表现方法：精纺可选用平涂勾线法、水彩法等表现。粗纺可选用水粉干画法、油画棒等表现（图180、图181）。

图180　吴晨晓作品

图181　鲍正壮作品

图184　李垚作品

图183　李媛媛作品

图182　苏娟作品

九、工艺面料的表现

　　工艺面料是指采用各种不同加工工艺而产生的装饰性面料。它是在不同面料的基础上，通过镂空、刺绣、做旧等工艺手段而制造出的面料效果。①镶嵌工艺，体积感与光泽感为表现重点。②刺绣工艺，在面料上采用丝线叠加体现厚实立体感。③蕾丝镂空面料，着重体现若隐若现的性感透明效果。④一般可采用水粉法、阻染法、水彩法等表现（图182~图184）。

第八章

服装画的风格表现

　　服装画的风格表现是指服装画面呈现出的整体艺术效果，它是服装设计师或服装画家在设计或创作过程中独特的灵感与执着的情感及特有艺术表达形式的体现，由于每个设计师或服装画家的生活背景、个性和绘制技巧的不同，服装画的风格表现也是千姿百态、各有特色，归纳起来，服装画的风格表现大致有：写实风格、写意风格、夸张风格、装饰风格和卡通风格等。服装画风格表现不是一朝一夕能够实现的，需经过长期的探索与实践，不断总结经验，扬长避短，才能逐步形成自己鲜明的艺术风格。

服装画的风格表现类别很多，例如古典风格、清新风格等，但这些艺术风格的表现并不全是独立存在的，它们通常也表现出相互融合的特性，如夸张风格在省略、装饰中都有诠释，装饰风格中也有卡通风格和写实风格等。由于服装画易受到服装设计、工艺结构、市场趋势等多方面因素的制约，设计绘画者必须要选择相适应的风格来体现服装画的精髓（图185~图187）。

图185 黄镜润作品　　　　　　图186 喻广作品　　　　　　图187 赵尊强作品

一、写实风格

写实是服装画表现中最常见的表现风格。它是一种非常接近于现实的描绘风格，通常以准确与细腻的款式、结构、色彩、形体、比例等方面的详细刻画展现出人物形象的真实效果，给人一种亲切自然的感觉。写实风格并不是原封不动地表现客观对象，而是经过艺术处理的写实应用，如造型要进行概括与提炼、服装色彩进行归纳处理、线条进行取舍（图188、图189）。

图188 郭玉茹作品

图189 吕新丽作品

二、夸张风格

夸张风格是指以变形的手法突出个性，营造新奇怪异、突破常规的画面效果，它是绘画者思想与情感之美的呈现。通常它包括人体与服装的部分或全部夸张两方面，如缩小头部、夸张脸部表情、拉长腿部或是缩减人物体积，使服装整体超大，增强体积感厚重、加宽肩部。夸张艺术手法的应用可使服装的特征更鲜明，画面更富有感染力（图190~图195）。

图190　刘霞作品

图191　孙琦作品

图192　孙琦作品

图193　杨贵云作品

图194　孙阳作品

图195　李冰作品

三、省略风格

省略风格即简化风格，简明扼要是其主要特色。它通常以简洁的手法，概括地描绘服装人物的基本形态和神韵，可通过省略细节或采用简单的几何图形突出主体形象。一般省略法包括人体的省略与服装的省略两方面，如人体可省略面部五官、手脚与腿部，使画面体现出柔美之感；服装轮廓省略，可运用简练的线条或块面进行描绘。省略法是瞬间对于人物形象气势与特征的把握，具有含蓄、简洁的视觉特点，令人产生浮想的意境，但省略不是简单的形体构造删减，运用省略法，一定要在充分掌握人体结构动态、服装造型等方面表现的基础上进行合理省略（图196、图197）。

图196　赵化统作品　　　　　　　　　　　　　　　图197　刘雨欣作品

四、装饰风格

装饰风格是依托形式美的规律在人物形象内部的结构与细节处予以繁杂修饰，表达一种特定的情绪氛围。装饰风格手法单纯，其最主要的画面特征为平涂勾线，一般常采用节奏感的曲线、非对称线条、富有情趣的形体图案、平面大色块的对比等方式装点服装及画面效果。装饰风格多用于服装插画和服装海报中，表现时应适当结合变形、夸张等艺术处理形式重点强调形象的节奏感和装饰趣味，使之繁杂有序（图198、图199）。

图198　杜一明作品　　　　　　　图199　宋洁阳作品

第八章　服装画的风格表现

图200 鲍晶作品

五、漫画风格

漫画风格是情趣意味的表达。它通常以简练的人物形态、动作等形式直接表露人物角色神态，给人一种轻松、浪漫的感觉。漫画风格适当采用夸张、象征等表现手法勾勒造型效果，将会更好的增加服装的表现力和画面的感染力（图200、图201）。

图201 李静文作品

第九章 服装画艺术完整性的表现

服装画是一种实用艺术，也是一种视觉艺术，它的表现形式因时间、环境等各种因素而不同。通常在服装画的学习过程中掌握一定的绘画表达能力与造型基本艺术表现手段之后，讲究绘画作品主题的完整性与一致性，通过作品的完整性增强与传达绘画者的情感思想，对于服装画学习者与设计者尤为关键。

一、构图

服装画构图应根据视觉需要，简洁明了、主次明确，一般不做过于复杂、纵深的空间描绘，通常采取人物立姿、半坐姿、坐姿等动态表现服装穿着效果，将较为完整的人物安排在画面视觉中心内，以此突出表现主题达到画面表现需求。服装画构图一般可分为单人构图、两人构图、多人构图。

1. 单一人物构图

单一人物的构图是服装画中最为常见的一种构图形式。通常选取一个人物为主体表现并安排到画面的主要空间中，形象一目了然，很容易形成画面的视觉中心。单一人物的布局人物立姿、半坐姿、坐姿等动态均可，其形式大致可包括：竖线构图、对角线构图、十字架构图、C形构图、三角形构图、圆形构图等，构图形式多变，极富视觉张力（图202~图204）。

图202　陈云琴作品

图203　常潇文作品

图204　宋新锐作品

图205 李智茹作品

2.两个人物构图

选用两个人物构图格式，往往是为了强调两个人物之间的协调特征关系，渲染一组设计所形成的场合与气氛，通常人物之间要形成一个呼应整体，人物与空间的关系要达到平衡，避免过多的前后重叠与遮挡，距离远近适宜。两个人物构图形式大致可包括：平行构图、穿插式构图、前后构图、错位式构图等。（图205~图209）。

图206　刘浩作品

图207　刘文睿作品

图208　王瑞作品

图209　张苑荣作品

3.群体人物构图

群体人物构图是三人及三人以上人物的组合与位置安排，群体人物构图在表现系列化服装时应用非常广泛。这种人物的布局形式，能更好的展现出人物所处的特定场合与氛围，诠释服装的个性风格。群体人物构图形式大致可包括：平行构图、穿插式构图、大小对比构图、前后构图、错位式构图、主体式构图、满铺式构图等，群体人物布局活跃了画面的整体表现力（图210~图219）。

图210 鲍晶作品

图211 刘霞作品

图212　张明珠作品

图213　崔倩倩作品

图214　付春玲、牛超作品

图215 刘霞作品

图216 阎景芳 张岩作品

图217 赵宗英作品

图218 沈玉菊作品

图219 马子豪作品

图220 宋新锐作品

图221 生佳荣作品

    总之，服装画构图必须从整体方面着眼构思，忌用四平八稳的平庸构图，尤其要关注人物与纸张的大小空间关系，如画幅大人体小或人体大画幅小，都易形成喧宾夺主之感，造成视觉效果欠佳，难以形成画面的视觉中心。服装画合适的构图应是人物在画面中上下方均留出一定的空间，下方留出空间比上方稍大些，左右根据需要灵活掌握，如左下方可画上款式图，右下方写出设计说明和规格尺寸等。

二、背景

　　服装画背景为画面气氛渲染、主题烘托、展示服装效果等方面都起到了关键性的作用。服装画背景的描绘与主题关系密不可分，以自身所描绘的场景很好地展现服装的精髓，加深观者对于所营造出来的画面情绪的理解。但无论怎样，服装画背景处理在线条、色彩、笔触、造型等各方面表现时都不应喧宾夺主，始终要使其处于从属地位。背景处理一般有以下三种方式：一是抽象性背景，二是具象性背景，三是情境性背景。

1. 抽象性背景

　　抽象性背景是通过运用点、线、面等几何形态形成不同的曲直变化作为背景主体而产生的一种表现方式。它可以采用色块平涂与分割或采用色彩的明度深浅、纯度鲜灰、色相冷暖对比等多种处理方式，凸现与前景主体人物着装的协调关系，渲染画面空间效果。通常包括：单一底色、阴影底色、几何分割等（图222~图224）。

图223　郭建庆作品

图222　王敏、王振华作品

图224　李智茹作品

2.具象性背景

具象性背景是指多以自然景物或文字作为背景主体而产生的一种表现方式。具象性背景景物选择丰富，处理方式更具逼真性，如室外风景、室内场景等，它加深了设计意念的刻画，使服装与背景达到了充分的融合。通常包括：写实背景、文字背景、平面化装饰等（图225~图227）。

图225 郝佳利作品

图226 孙琦作品

图227 褚雨晴作品

3.情境性背景

情境性背景是指以环境或场景等作为背景主旨形成特别谋划空间达到与主体形象间高协调性的一种表现方式。情境性背景是表现内容与形式的高度融合,它更是一种设计意念深层的诠释与创意灵感集合,赋予了画面更加动人的格调,如乡野风格、颓废情调、迷幻气息等(图228~图234)。

图228　王晓菲作品

图229　李静文作品

图230　杨苗作品

图231　张莹作品

图232　高含作品

图233　张靖玮作品

图234　郝琳琳作品

　　总之，服装画背景表现是以丰富服装画的艺术效果为中心，进而对服装设计提供更深层次的表达，它或简洁、或细致、或繁琐，往往在不同的线条、色块等众多元素的添加与修饰中，使服装画增添了强烈的视觉效果。

157

第十章

学生作品欣赏

图235　杨礼奥作品

图236 苏桐作品

图 **237**　王映雪作品

图238 孙琦作品

图239 刘春晴作品

图240 李吟诗作品

图 241　任婷慧作品

图 242　高梦雪作品

图 243　王虹艳作品

图244 孙正文作品

图245 徐鲁恒作品

参考文献

［1］（匈牙利）耶诺·布尔乔伊.艺用人体解剖［M］.北京：中国青年出版社，2007.

［2］赵晓霞.时装画历史及现状研究［D］.北京：北京服装学院，2008.

［3］王培娜，孙有霞.服装画技法（3版）［M］.北京：化学工业出版，2019.

［4］钱欣，边菲.服装画技法（2版）［M］.上海：东华大学出版社，2007.

［5］马建栋，丁香.时装画手绘表现技法［M］.北京：中国水利水电出版社，2021.

［6］（美）比尔·托马斯.美国时装画技法［M］.北京：中国轻工业出版社，1998.

［7］胡安·巴埃萨.时装画完全指南 从人体结构到时装手绘效果图［M］.上海：上海人民美术出版社，2017.

［8］唐俊.时装画人体及着装表现［M］.成都：四川大学出版社，2018.

［9］王悦.时装画技法手绘表现技能全程训练［M］.上海：东华大学出版社，2019.

［10］（美）史蒂文·斯堤贝尔曼.美国经典时装画技法 从概念到创意设计手绘［M］.北京：人民邮电出版社，2022.

［11］边菲.时装画手绘表现技法［M］.辽宁美术出版社，2021.

［12］陈石英.手绘时装画马克笔技法［M］.沈阳：辽宁科学技术出版社，2020.

［13］温馨.时装画手绘表现技法人体动态·材质表现·风格创意［M］.北京：中国纺织出版社，2019.

［14］余子砚.服装设计效果图水彩手绘表现基础教程［M］.北京：电子工业出版社，2020.

［15］武文榜.超级速写[M].石家庄：河北美术出版社，2017.

［16］丁香.时装画手绘表现技法从基础到进阶全解析［M］.北京：希望电子出版社，2018.